Le droit pénal à l'épreuve des neurosciences

BIBLIOTHÈQUES *DE* DROIT

COLLECTION FONDÉE ET DIRIGÉE PAR JEAN-PAUL CÉRÉ

Cette collection a pour vocation d'assurer la diffusion d'ouvrages scientifiques sur des thèmes d'actualité ou sur des sujets peu explorés dans le domaine des sciences juridiques. Elle se destine notamment à la publication de travaux de jeunes chercheurs.

Dernières parutions :

C. MENABÉ, La criminalité féminine

M. TESSIER, Les procédures de la criminalité organisée devant la Cour de cassation

N. NOTTO-JAFFEUX, Le conflit d'intérêts chez les avocats

A. GERMON, Le rôle d'initiative des administrations dans l'action publique

O. LECUCQ (dir.), Etat, collectivités territoriales et droits sociaux

A. AMALFITANO, La responsabilité pénale des personnes morales en Europe

N. LORY, La saisie pénale des biens incorporels

M. PERRIN, Le statut pénal de l'animal

A. TATARINOFF, Génocide et crimes de masse (1933-1946)

P. ROUSSEAU, Autonomie personnelle et droit pénal

A. AZARETE, E. Guerrero et Th. MORETTO (dir.), Fête et droit public

A. BEN GADI, La libération conditionnelle comme outil de gestion du risque

BIBLIOTHÈQUE DE *DROIT PENAL*

Mélodie Peltier-Henry

Le droit pénal à l'épreuve des neurosciences

Préface de Bruno Py

L'Harmattan

5-7, rue de l'Ecole-Polytechnique, 75005 Paris

http://www.editions-harmattan.fr

ISBN : 978-2-343-13270-9
EAN : 9782343132709

À Geneviève Tillement et Bruno Py,
pour leur confiance et leur soutien.

Préface de Bruno PY[1]

Le cerveau humain a longtemps été présenté comme une *terra incognita*, un mystère insondable, un continent énigmatique[2]. Pour caractériser la démarche intellectuelle de Mélodie PELTIER-HENRY, c'est au domaine des voyages qu'il faut emprunter des images et plus précisément à la notion d'exploration. Parmi les juristes frais émoulus des Facultés de Droit, tentés par la recherche universitaire, certains choisissent d'apporter un regard neuf sur des chemins que leurs aînés avaient parcourus. D'autres au contraire, décident de se lancer à l'aventure sur la piste de contrées nouvelles.

Munie de son viatique de juriste pénaliste, Mélodie PELTIER-HENRY est partie en exploration, à la découverte de cet étonnant univers que constituent les neurosciences, les sciences cognitives, l'imagerie cérébrale, la neurologie, la psychologie et la psychiatrie. La sachant emplie de courage et pétrie de rigueur, c'est le récit d'un riche périple que le lecteur découvrira dans cet ouvrage. Histoire d'une pénaliste aux confins du cerveau. Après s'être penchée longuement sur des cartes routières, avoir analysé des planisphères, avoir décrypté une littérature parfois aride, elle nous dessine un plan de route lisible. En cela déjà, son travail est une

---

1 Professeur de droit privé et sciences criminelles – Université de Lorraine – Faculté de Droit de Nancy – IFG-ISCRIMED EA7301

2 *« Comme on le sait, le dernier continent inconnu à l'homme est l'homme, et le centre de ce continent, le cerveau, nous est non seulement inconnu, mais encore incompréhensible. »* Edgar MORIN (*Le paradigme perdu*, Seuil, 1973, p.131)

contribution au progrès de la réflexion juridique contemporaine[3].

Si l'on admet que le droit criminel est constitué de l'ensemble des règles juridiques qui organisent la réaction de l'État vis-à-vis des infractions et des délinquants et que les neurosciences regroupent l'ensemble des disciplines qui étudient le système nerveux tant au niveau de son architecture que de son fonctionnement, alors il apparaissait comme essentiel d'entreprendre une étude des rapports entre le droit criminel et les neurosciences.

Suivant les conseils que Pierre BAYLE (1647-1706), le « Père des Lumières », donnait aux historiens[4], Mélodie PELTIER-HENRY est restée en permanence attentive aux intérêts de la vérité, sans tenter de travestir ni ses difficultés, ni ses efforts. Les analyses ponctuelles qu'elle nous livre (la place de la preuve techno-scientifique, le repérage du mensonge, la crédibilité du témoignage, l'impartialité du juge, l'image de l'imputabilité, la rééducation cérébrale, par ex.) sont autant de photographies fidèles des recherches personnelles qu'elle a faites. Son travail englobe à la fois la dimension individuelle de la responsabilité et la dimension

---

3 « *Le constat de l'augmentation du savoir, en quantité comme en précision et en efficacité, représente le premier moment dans l'élaboration de la doctrine du Progrès.* », Pierre-André TAGUIEFF (*Du progrès*, Essai, Librio 2001, p.9)

4 « *Un historien, qui veut remplir fidèlement ses fonctions, doit se dépouiller de l'esprit de flatterie et de l'esprit de médisance et se mettre le plus possible dans l'état d'un stoïcien qui n'est agité d'aucune passion. Insensible à tout le reste, il ne doit être attentif qu'aux intérêts de la vérité, et il doit sacrifier à cela le ressentiment d'une injure, le souvenir d'un bienfait et l'amour même de la patrie.* », Pierre BAYLE (*Dictionnaire historique et critique*, 1696, 2e éd. 1702, article « Usson », remarque F., t.IV, fol.2858)

collective des politiques publiques de prévention et de répression[5].

Le lecteur appréciera tout particulièrement le choix éclairé de ne tomber ni dans le pessimisme catastrophiste, ni dans l'optimisme béat. L'ouvrage de Mélodie PELTIER-HENRY montre et démontre que l'Homme n'est pas réductible à son cerveau. « *Il ne faut ni se complaire dans l'illusion neuroscientifique, ni être totalement hermétique aux alternatives qu'elles proposent.* » (conclusion)

Au final, il ressort de ce récit de voyage d'une pénaliste au pays du cerveau, un vent de fraicheur et de renouveau qui ouvre des horizons intellectuels, sociétaux et donc humains. Du cerveau humain peuvent jaillir des étincelles qui enflamment joyeusement les esprits et parfois même font briller plaisamment les yeux[6].

Bruno PY

Nancy le 1er août 2017

---

5 « *Cette plasticité prouvée du cerveau et de la conscience offre la possibilité que l'évolution individuelle conduise à l'évolution collective. Lorsqu'un individu a développé une capacité nouvelle, l'existence de celle-ci devient soudain évidente pour les autres qui, alors, peuvent aussi chercher à la développer.* » Marylin FERGUSON (*Les enfants du verseau*, trad. Guy BENEY, CALMANN- LEVY 1994, p.52)

6 « *Il semble qu'il existe dans le cerveau une zone tout à fait spécifique qu'on pourrait appeler la mémoire poétique et qui enregistre ce qui nous a charmés, ce qui nous a émus, ce qui donne à notre vie sa beauté.* » Milan KUNDERA (*L'insoutenable légèreté de l'être*, Folio 1990, p.299)

Principales abréviations

ABM	Agence de la biomédecine
ADN	Acide désoxyribonucléique
Al.	Alinéa
Art	Article
BOES	Brain Electrical Oscillation Signature Test
C. civ	Code civil
C. pén	Code pénal
Cass. crim	Chambre criminelle de la Cour de cassation
CCNE	Comité consultatif national d'éthique
CE	Conseil d'État
CEDH	Convention Européenne de sauvegarde des Droits de l'Homme et des libertés fondamentales
CNIL	Commission Nationale de l'Informatique et des Libertés Fondamentales
Cons. Const.	Conseil Constitutionnel
CourEDH	Cour européenne des Droits de l'Homme
CPP	Code de procédure pénale
CSP	Code de la santé publique
D.	Répertoire Dalloz
Ed	Édition
EEG	Électroencéphalographie
FNAEG	Fichier National Automatisé des Empreintes Génétiques
HAS	Haute Autorité de Santé
iEEG	Électroencéphalographie intracrânienne
IRMa	Imagerie par Résonnance Magnétique anatomique
IRMf	Imagerie par Résonnance Magnétique fonctionnelle
JO	Journal Officiel
LGDJ	Librairie Générale de Droit et de Jurisprudence
LINC	Laboratoire d'Innovation Numérique de la CNIL
LPA	Les Petites Affiches
MEG	Magnéto-encéphalographie

OPECST	Office Parlementaire d'Évaluation des Choix Scientifiques et Techniques
p.	Page(s)
RDSS	Revue de Droit Sanitaire et Social
RSC	Revue de science criminelle et de droit pénal comparé
RTD civ	Revue trimestrielle de droit civil
s.	suivant
SPIRf	Spectroscopie en proche infrarouge fonctionnelle
TEMP	Tomographie à émission mono-photonique
UE	Union européenne
UHSA	Unité hospitalière spécialement aménagée
UNESCO	Organisation des Nations-Unies pour l'Éducation, la Science et la Culture

Introduction

Le don de télépathie ? Qui n'a jamais rêvé d'en être doué ? Communiquer à distance sans même utiliser la parole, lire dans les pensées d'autrui, voilà bien des « pouvoirs » qui semblent tout droit sortis de l'imagination des plus illustres auteurs de science-fiction... Et pourtant, aujourd'hui, le mythe et la réalité donnent l'illusion de s'entremêler comme en témoignent de nombreux articles sur le sujet. « L'incroyable machine à lire dans les pensées » pouvait-on lire dans le journal *Le Monde* en 2014[7] ou encore « Lire dans les pensées : bientôt possible ? »[8], sont autant de titres accrocheurs qui révèlent l'engouement de la population pour ce domaine de recherche particulier fortement lié au fonctionnement du cerveau.

En effet, le cerveau a toujours fasciné, aussi bien les scientifiques, les médecins, que les néophytes. La complexité, l'architecture et la place occupée par cet organe lui donnent une dimension singulière dans l'imaginaire collectif. Parfois comparé à la carte-mère d'un ordinateur, il peut se concevoir comme le véritable « chef-d'orchestre » de notre entité corporelle. En réalité, le cerveau est intégré dans une structure anatomique plus vaste contrôlant l'intégralité du système nerveux : l'encéphale. Schématiquement, le cerveau constitue une de ses parties principales aux côtés du cervelet[9]

---

7 BARTHELEMY P., « L'incroyable machine à lire dans les pensées », *Le Monde*, 22 mai 2014

8 MIELE N., « Lire dans les pensées bientôt possible ? », *L'Obs*, 27 sept. 2011

9 Le cervelet est situé sous le cerveau, composé de deux hémisphères

et du tronc cérébral[10]. Le cerveau est divisé en deux hémisphères appelés hémisphères droit et gauche, et également en quatre sections nommées « lobes », à savoir : le lobe frontal, le lobe pariétal, le lobe temporal et le lobe occipital. Chaque région cérébrale commence à être identifiée comme intervenant lors de la réalisation de mécanismes comme la respiration, la capacité d'abstraction, le langage ou encore le mouvement. D'ailleurs, à travers le projet BRAIN[11], les scientifiques tentent de percer à jour un véritable modèle de « code neural »[12] afin de mieux comprendre le fonctionnement de cet organe encore bien mystérieux, d'en établir une cartographie et de pénétrer dans les méandres de ses neurones, véritable « boîte noire »[13]... tout du moins jusqu'à aujourd'hui.

Cette perspective s'inscrit dans le cadre des « neurosciences », un domaine de recherche en plein essor depuis les années 1960 dont le spectaculaire développement s'est concrétisé dans la période 1990-2000 qualifiée de « décennie du cerveau »[14]. Il s'agit de l'ensemble des disciplines étudiant le système nerveux tant au niveau de son architecture que de son fonctionnement et ce, à différentes échelles[15]. De manière simplifiée, l'analyse se fait sur quatre niveaux : moléculaire, cellulaire, neural mais également

---

10 Faisceau de tissus nerveux situé à la base de l'encéphale relie le cerveau à la moelle épinière et transmet les messages nerveux entre le corps et l'encéphale

11 Brain Research Through Advancing Innovative Neurotechnologies, financé à hauteur de 100 millions de dollars par la maison blanche

12 LARRIEU P., ROULLET B., GAVAGHAN C. (sous la dir. de), *Neurolex sed... dura lex ? L'impact des neurosciences sur les disciplines juridiques et les autres sciences humaines : études comparées*, Wellington, Journal de Droit Comparé du Pacifique, 2013, p. 175

13 LARRIEU P., *Neurosciences et droit pénal, Le cerveau dans le prétoire*, Paris, L'Harmattan, coll. Le Droit aujourd'hui, 2015, p. 25

14 LARRIEU P., *op. cit.*, p. 7

15 Dictionnaire Larousse en ligne. URL : http://www.larousse.fr/dictionnaires/francais/neurosciences/54418.

comportemental[16]. Le champ de recherche, particulièrement vaste, se caractérise par une transdisciplinarité. La chimie, les mathématiques, la biologie, la génétique et même la psychologie sont convoquées pour éclairer cette science. Tant est si bien que le préfixe « neuro » est naturellement venu s'adjoindre à quasiment tous les domaines créant de nouveaux néologismes pour désigner ces nouvelles disciplines. Il est alors possible de retrouver entre autres : la neurochrirurgie, la neurogénétique, la neurobiologie, la neuropharmacologie, la neurophysiologie, la neuroimagerie, la neuroendocrinologie et les neurosciences cognitives. C'est alors une distinction entre les neurosciences cellulaires ou moléculaires (pharmacologie, génomique, *etc.*) et les neurosciences intégrées (études des différentes fonctions comme les émotions ou la conscience) qui se dessine[17].

Cependant, la « neurophilie » ne s'arrête pas là... Les neurosciences s'affranchissent progressivement des murs du laboratoire pour imprégner la société jusqu'à avoir une incidence considérable sur les sciences humaines. C'est ainsi qu'apparaissent de nouvelles disciplines telles que le « neuromarketing », la « neuropédagogie », la « neuroéconomie » ou encore le « neurodroit »[18] qui s'intéresse aux applications juridiques des neurosciences. À ce titre, il s'agit d'une nouvelle étape dans l'usage judiciaire de la connaissance scientifique[19], dont les applications sont susceptibles de bénéficier d'un intérêt particulier en matière pénale. Divers programmes de recherches focalisés sur ce thème ont été initiés à travers le monde. Celui qui a la plus grande envergure est sans conteste le Projet *Law and neuroscience* mis en

16 LARRIEU P., *op. cit.* p. 25

17 *Ibidem*

18 Issu de l'anglicisme *neurolaw*

19 OULLIER O., « Le neurodroit en perspective », in Centre d'analyse stratégique, Séminaire du 11 sept. 2012, Document de travail n° 2012-07, *Le cerveau et la loi : analyse de l'émergence du neurodroit*, p.171

place par la Fondation Mac Arthur aux États-Unis en 2007 et dirigé par le neuroscientifique Owen D. Jones[20]. Au Royaume-Uni en 2010, la *Royal Society* s'est penchée sur les répercussions des neurosciences sur les différentes politiques publiques[21] tandis qu'à partir de 2009 la France établissait des consultations et des séminaires sur les enjeux du neurodroit notamment à travers l'action du Centre d'analyse stratégique et du Comité consultatif national d'éthique.

Alors qu'une « neurojurisprudence » se développe dans les autres pays, la France est la première à avoir légiféré en la matière dans la loi du 7 juillet 2011[22] relative à la bioéthique. Il s'agit d'une révision des trois lois de bioéthique antérieures de 1994 et de 2004[23]. Quatre Institutions[24] ont été consultées sur l'opportunité de l'extension du champ d'application de la loi aux neurosciences. Si toutes reconnaissent que le développement massif des neurosciences ainsi que leur pouvoir de fascination sur l'opinion publique soulèvent d'importantes interrogations et de nouvelles craintes qui doivent être résolues dans une « loi cadre »[25], l'utilisation en justice de la neuroimagerie fait débat même si globalement les entités consultées préconisent une grande prudence. Finalement, après de houleuses discussions parlementaires,

---

20 http://www.lawneuro.org.

21 https://royalsociety.org/topics-policy/projects/brain-waves

22 Loi n° 2011-814 du 7 juillet 2011 relative à la bioéthique, JORF n°0157, 8 juillet 2011 p. 11826, art. 45

23 Loi n° 94-548 du 1er juillet 1994 relative au traitement de données nominatives ayant pour fin la recherche dans le domaine de la santé, JORF n° 152, 2 juillet 1994 p. 9559 ; Loi n° 94-654 du 29 juillet 1994 relative au don et à l'utilisation des éléments et produits du corps humain, à l'assistance médicale à la procréation et au diagnostic prénatal, JORF n° 175, 30 juillet 1994 p.11060 ; Loi n° 2004-800 du 6 août 2004 relative à la bioéthique, JORF n° 182, 7 août 2004 p. 14040

24 ABM, OPECST, CCNE, Centre d'analyse stratégique

25 Centre d'analyse stratégique, *Perspectives scientifiques et légales sur l'utilisation des sciences du cerveau dans le cadre des procédures judiciaires*, séminaire du 10 décembre 2009

le Titre I du Code civil s'est vu doté d'un quatrième chapitre intitulé « De l'utilisation des techniques cérébrales » contenant un article unique[26] qui circonscrit l'utilisation de la neuroimagerie à des fins médicales, de recherche scientifique ou dans le cadre d'une expertise judiciaire. Lorsque l'utilisation de l'imagerie cérébrale est réalisée à des fins médicales, conformément à l'article 1134-1 du Code de la santé publique, des règles de « bonnes pratiques » doivent être mises en place par arrêté ministériel du ministre chargé de la Santé en tenant compte des recommandations formulées par la Haute Autorité de santé[27]. À ce jour, il n'a toujours pas été publié.

La réglementation relative aux neurosciences a été inspirée de celle sur les données génétiques. Depuis les années 1980, les recherches sur le cerveau ont connu le même essor que la biologie moléculaire dans les années 1950[28]. Ces deux types de données présentent de fortes similitudes, qu'elles soient cérébrales ou génétiques, il s'agit d'un support d'informations propres à chacun tout en constituant également un caractère commun de notre espèce. Nécessairement, des problèmes éthiques se posent puisqu'en matière de neurosciences on touche au for intérieur de l'Homme, à sa liberté voire à son identité. Suite aux atrocités commises pendant la Deuxième Guerre mondiale, l'idée que la dignité humaine devait primer sur l'intérêt exclusif de la science a émergé. C'est suite à cette prise de conscience que la préoccupation bioéthique est née. Des textes de valeurs normatives différentes ont été adoptés à diverses échelles[29]. Il s'agit de la Déclaration universelle des droits de l'Homme

---

26 Article 16-14 C. civ.

27 https://www.has-sante.fr/portail/jcms/c_1194500/fr/le-guide-du-bon-usage-des-examens-d-imagerie-medicale

28 Gaumont-Prat H., « La loi du 7 juillet 2011 relative à la bioéthique et l'encadrement des neurosciences », *LPA*, 2011, no 231, p. 10

29 Larrieu P., *op. cit.* p. 166

du 10 décembre 1948, des déclarations universelles de l'UNESCO[30], en passant par la Convention d'Oviedo sur les droits de l'Homme et la biomédecine ainsi que la Charte des droits fondamentaux de l'Union européenne au niveau régional. En France, les lois de bioéthique ont introduit dans le Code civil les principes fondamentaux de protection de la personne humaine afin d'encadrer la recherche médicale. Plus spécifiquement, la recherche en neurosciences est régie par la loi dite Huriet[31] relative à la protection des personnes dans la recherche biomédicale. La spécificité des « sciences du cerveau » a également conduit à la naissance de la « neuroéthique »[32] dont la définition reste encore aujourd'hui très floue. Parfois envisagée comme une branche de la bioéthique destinée à étudier les implications des technologies neuroscientifiques, elle consiste plutôt analyser leurs rapports avec les concepts moraux tels que la liberté, la responsabilité et la personnalité[33] . C'est un véritable point de convergence entre le droit, la morale et la philosophie.

Si les neurosciences et leurs applications sont le siège de progrès considérables pour la médecine, en est-il vraiment de même lorsqu'elles quittent le domaine scientifique ? On ne peut évidemment que féliciter les récentes innovations permettant la communication avec les personnes atteintes du *locked-in syndrom*[34] ou encore la création d'une véritable

---

30 Déclaration universelle sur le génome humain et les droits de l'homme (11 nov. 1997), Déclaration internationale sur les données génétiques humaines (16 oct. 2003), Déclaration universelle sur la bioéthique et les droits de l'homme (19 oct. 2005)

31 Loi n° 88-1138 du 20 décembre 1988 dite Huriet relative à la protection des personnes qui se prêtent à des recherches biomédicales, JORF 22 décembre 1988 p. 16032

32 Terme apparu en 2002 suite à la réunion d'un groupe de neurobiologistes et de médecins se réunissent en Californie

33 CCNE, *Enjeux éthiques de la neuroimagerie fonctionnelle*, avis n° 116, 23 fév. 2012

34 KOESSLER L., *Lire et décoder les pensées : science ou fiction ?* Conférence organisée dans le cadre de la Semaine du cerveau, Gérardmer, 15 mars 2017

interface Homme/machine redonnant un espoir d'autonomie aux personnes paralysées. Mais, un tel enthousiasme est-il souhaitable voire même possible lorsque les neurosciences pénètrent le domaine judiciaire ? De manière générale, le Droit a vocation à régir la vie en société et à structurer les rapports sociaux en étant le garant de valeurs fondamentales. Le droit pénal est particulièrement révélateur de cette mission puisqu'il s'agit d'un « ensemble de règles ayant pour objet la définition des infractions ainsi que des sanctions qui leur sont applicables »[35]. La procédure pénale vient, quant à elle, fixer « la manière de procéder pour la constatation des infractions, l'instruction préparatoire, la poursuite et le jugement des délinquants »[36]. Ces deux matières font partie intégrante des sciences criminelles dont l'objet est plus large : observer et expliquer le phénomène criminel.

Depuis le XIXe siècle, le droit pénal et la Science se sont mutuellement influencés et leur rencontre originelle s'est principalement déroulée autour de la recherche des origines du crime[37] . Il faut rappeler que plusieurs écoles de pensée se sont succédé au cours des siècles. Le positivisme italien du XIXe siècle soutenait la thèse selon laquelle le comportement criminel était entièrement déterminé par des facteurs sociaux, biologiques et environnementaux que seule une méthode scientifique pouvait évaluer. Lombroso est le fondateur de cette doctrine dans laquelle s'inscrivent également de célèbres figures comme Enrico Ferri et Raffaele Garofalo qui popularisera d'ailleurs le terme de « criminologie » inventé par Paul Topinard pour remplacer celui d'« anthropologie criminelle » en 1885. Cesare Lombroso s'est intéressé à

35 GUINCHARD S., DEBARD T. (sous la dir. de), *Lexique des termes juridiques*, Paris, Dalloz, 20e éd., 2013, p. 355

36 *Ibid.* p. 726

37 SORDINO M.C., « Le procès pénal confronté aux neurosciences : science sans conscience … ? », *AJ Pénal*, 2014, p. 58

plusieurs techniques préalablement inventées pour éclairer le potentiel criminel de la personne analysée. Il s'agit notamment de la physiognomie, inventée par Giambattista della Porta qui vise à étudier les caractéristiques physiques d'un individu pour en déduire une possible capacité criminelle, et de la phrénologie. Cette dernière théorie a été imaginée par le neurologue autrichien Franz Joseph Gall et consiste à étudier les bosses du crâne puisque le développement du cerveau, dans lequel est localisée la fonction criminelle, influencerait la forme de la boîte crânienne. Suite à ces études combinées, Lombroso publie un ouvrage au fort retentissement : *L'homme criminel* (1886). Selon lui, il existerait un criminel-né prisonnier de l'atavisme. La criminalité aurait donc un caractère inné et une hérédité parfois latente. Plus tard, François Magendie[38] qualifiera la phrénologie de pseudo-science, dénuée de tout fondement scientifique, aux défauts méthodologiques flagrants. Grâce au développement de la sociologie criminelle par Gabriel Tarde et Émile Durkheim couplée aux travaux réalisés au XXe siècle sur la psychanalyse, les causes exogènes, les facteurs sociaux et environnementaux seront davantage pris en considération ce qui conduira à l'abandon progressif du modèle du « criminel-né » ... seulement de manière temporaire.

Il faut bien reconnaître que la phrénologie a encore un impact actuellement ne serait-ce qu'au niveau du langage courant... C'est bien de là que se nourrit le fantasme de la fameuse bosse des maths. La théorie du caractère biologique du crime a continué de prospérer de manière insidieuse, surtout aux États-Unis avec l'aboutissement du psychographe de Lavery and White en 1905 destiné à fournir une analyse phrénologique complète et imprimée. Mais, c'est surtout avec le développement de la biologie moléculaire et de la génétique dans les années 1950, que les tentatives de

---

38 Professeur de médecine au collège de France

« localisation de la bête en l'Homme »[39] ont à nouveau prospéré. C'est dans cette perspective que s'inscrit la théorie du chromosome du crime. Les personnes ayant un chromosome Y surnuméraire dans leur génotype (XYY) ont dès lors été considérées comme plus susceptibles de commettre des délits[40]. Le débat est donc loin d'être relégué aux archives...

En effet, face à l'apparition des neurosciences, les liens entre la Science et le droit pénal sont renouvelés et de nouveaux enjeux se profilent. Ces deux disciplines sont nécessairement confrontées l'une à l'autre, le conservatisme juridique doit côtoyer le dynamisme ascendant des sciences[41], mais quelles en seront les conséquences ? Les données issues des sciences ont toujours suscité la prudence de la part du législateur, mais le droit a su les apprivoiser, entraînant même de significatives avancées en procédure pénale[42]. L'imagerie cérébrale deviendra-t-elle le nouvel ADN ? Autrement dit, une technique initialement décriée mais qui deviendra standard dans les années à venir ?[43]. Par ailleurs, à l'ère du « pan-cérébralisme »[44] et dans un monde féru de sciences, le droit pénal pourra-t-il garder son rôle de régulateur des comportements face à l'invasion des neurosciences dans toutes les strates de la société ? Il convient dès maintenant de s'intéresser avec la plus grande attention au neurodroit et à ses implications en matière pénale. Il s'agit certes d'une discipline nouvelle qui, à l'heure actuelle, pourrait s'apparenter à une nébuleuse mais il est

---

39 LARRIEU P., *op.cit.*, p. 16

40 Il s'agit du syndrome de Klinefelter, voir en ce sens PLAISANT F., et al. « Les troubles psychiatriques dans le syndrome de Klinefelter. Quels liens ? », *L'information psychiatrique*, vol. 85, n° 2, 2009, p. 187-193

41 LARRIEU P., *op. cit.*, p. 10

42 *Ibid.*, p. 28

43 *Ibid.*, p. 10

44 Entendu comme « tout-cérébral », terme dérivé de la médecine notamment de la radiothérapie pan-cérébrale.

impératif d'en apprécier les contours afin de prévenir les dérives potentielles particulièrement bien illustrées en matière de droit criminel. De manière générale, un regard critique et une réflexion anticipée sur les perspectives d'application des nouvelles technologies sont indispensables pour que l'Homme conserve le pouvoir sur le progrès, pour que le Droit ne se retrouve pas « inféodé à la science »[45]. Ainsi, l'objectif de ce travail de recherche est de trouver une réponse à la question suivante : les neurosciences et le droit pénal peuvent-ils s'articuler de façon satisfaisante ? Le Droit ne doit pas faire preuve d'un conservatisme absolu et d'une méfiance pathologique envers les neurosciences puisque leur conciliation pourrait aboutir à d'intéressantes perspectives d'applications (Partie 1). Néanmoins, cette synergie n'est que de façade, les connexions entre ces deux matières ne semblent pas si aisées si bien que leur fusion est susceptible d'entraîner de sérieuses difficultés (Partie 2).

Face à la complexité et à la richesse du sujet, tous les aspects ne seront pas évoqués. La réglementation relative à la recherche et aux applications médicales ne sera pas traitée, d'autant plus qu'elle fait déjà l'objet d'études très complètes. C'est pourquoi une analyse basée sur la dynamique et les interactions de la rencontre de ces deux matières à travers le neurodroit a été privilégiée. Pour appréhender au mieux ce travail de réflexion, une analyse strictement juridique aurait été insuffisante et trop réductrice. Tout au long des développements, des approches (neuro)scientifiques, philosophiques, éthiques et techniques viendront conforter et circonstancier le raisonnement juridique pour lui donner une dimension plus concrète. Aussi, une économie sur le droit comparé ne peut pas être envisagée puisqu'il s'agit d'un phénomène quasi-universel et qu'un regard sur les pays étrangers ne peut être qu'enrichissant.

---

45 LARRIEU P., *op. cit.*, p.28

1re PARTIE

Neurosciences et droit pénal, deux disciplines miscibles ?

Les neurosciences peuvent innerver la procédure pénale et y être utilisées à tous les stades. Leurs applications sont plurielles et pourraient aussi bien jouer un rôle sur les acteurs du procès pénal (Chapitre 1) que sur la prise de décision (Chapitre 2).

Chapitre 1. L'impact des neurosciences sur les acteurs du procès pénal

Le cerveau des acteurs du procès pourrait désormais jouer un rôle clé dans la procédure pénale. Son étude est susceptible d'éclairer la phase préparatoire du procès (Section 1) et de donner une plus grande force au principe d'impartialité en le rendant tangible (Section 2).

Section 1. Le cerveau, nouveau terrain d'investigations : preuve de la matérialité des faits

Grâce à un cadre facilitant son application (§ 1), la preuve neuroscientifique pourrait, à terme, faire une entrée remarquée dans les prétoires (§ 2).

§ 1. Des innovations propices à la preuve neuroscientifique

L'imagerie cérébrale a connu des progrès significatifs et exponentiels depuis le XXe siècle (A) suscitant des convoitises dans le domaine de la preuve dont la réglementation est assez souple en droit pénal (B).

A. Le progrès de l'imagerie cérébrale, prérequis indispensable à la preuve neuroscientifique

Le principe de l'observation du cerveau n'est pas nouveau. Ce sont les méthodes d'exploration qui ont connu un grand bouleversement. En effet, auparavant, seule une investigation *post-mortem* du cerveau était envisageable par le biais de l'autopsie. Rapidement, cette technique s'est avérée imprécise, incomplète mais surtout insuffisante puisqu'elle ne concernait que le sujet décédé et ne permettait qu'une observation figée d'un organe non-fonctionnel[46]

Plus tard, en 1875, le médecin britannique Richard Caton invente l'électroencéphalographie (EEG)[47]. Cette méthode d'analyse comparable à l'électrocardiographie (ECG) n'est ni douloureuse ni invasive. Des électrodes sont disposées sur le cuir chevelu du sujet afin de mesurer les variations du potentiel électrique à la surface de la peau. En fonctionnement, le cerveau est comparable à une centrale électrique. Il reçoit, traite et analyse des messages nerveux qui se propagent le long des axones (cellules nerveuses) grâce à une conduction électrochimique faible. Dans les années 1920, le neurologue allemand Hans Berger parvient à amplifier le signal de l'activité neuronale et à réaliser le premier tracé de l'activité cérébrale de l'Homme. Ce n'est qu'en 1950 que cet examen sera réellement utilisé dans le cadre médical dans un but de diagnostic ou de recherches en sciences cognitives. Une variante de cette technique consiste à implanter des électrodes sous la surface du crâne ou plus en profondeur. Il s'agit de l'électroencéphalographie intracrânienne (iEEG). Plus invasive, elle permet de mieux comprendre le cerveau mais est rarement utilisée sur les humains lorsqu'il faut implanter les électrodes dans le tissu cérébral[48].

Il convient de distinguer les techniques de neuroimagerie structurelle et fonctionnelle. L'imagerie structurelle ou anatomique a pour ambition d'identifier et de localiser

---

46 VALLOIS H.V., « Études de quatre cerveaux de criminels », *in Bulletins et Mémoires de la Société d'anthropologie de Paris*, VII° série, t. 4, 1923, p. 135-134

47 Limitée exclusivement aux animaux à ce stade

48 OPECST, *L'impact et les enjeux des nouvelles technologies d'exploration et de thérapie du cerveau*, Rapport d'information n° 476, déposé le 13 mars 2012, par A. CLAEYS et J.B. VIALATTE, Paris, éd. Assemblée nationale-Sénat, p. 60

différentes parties de l'anatomie du cerveau. Elle est par exemple utilisée pour détecter des tumeurs ou autres lésions cérébrales dans une visée de diagnostic, d'intervention chirurgicale ou de recherche en neurosciences cognitives. En ce sens, l'examen *post-mortem* appartient à cette catégorie[49]. L'Imagerie par Résonance Magnétique anatomique (IRMa)[50] permet, dans cette même optique et depuis 1969, d'obtenir des vues en deux ou trois dimensions du cerveau. C'est une technique non invasive reposant sur l'utilisation de la résonance magnétique nucléaire nécessitant un champ magnétique élevé créé par un aimant. La tomodensitométrie ou CT-scan[51] (*Computerized Tomography*) fait également partie intégrante de ce groupe de méthodes d'exploration depuis 1970. Le patient est soumis au balayage d'un faisceau de rayons X que ses tissus cérébraux vont absorber de façon variable. Ensuite, par traitement informatique, une image bi- ou tridimensionnelle des structures anatomiques est reconstruite pour pouvoir analyser les résultats. Enfin, il est possible de citer la tomographie à émission mono-photonique (TEMP)[52]. Cette méthode repose sur la scintigraphie c'est-à-dire qu'il faut préalablement injecter au patient un produit radiopharmaceutique émetteur de rayonnements gamma. Les molécules ou isotopes radioactifs vont se fixer sur les tissus cérébraux que l'on cherche à analyser. Une gamma-caméra détecte alors les rayonnements émis par le cerveau et une image spatiale de l'architecture cérébrale est reconstituée.

Alors que la neuroimagerie structurelle analyse le cerveau de manière statique, l'imagerie cérébrale fonctionnelle tente

---

49 VALLOIS H.V., *loc. cit.*

50 OULLIER O., BASSO F., « Différences individuelles, variabilités et limites du recours à l'imagerie cérébrale fonctionnelle par les tribunaux », *in* Centre d'analyse stratégique, Séminaire du 11 sept. 2012, Document de travail n° 2012-07, *Le cerveau et la loi : analyse de l'émergence du neurodroit*, p. 126

51 *Ibidem*

52 *Ibid.* p. 127

de le décrypter lorsqu'il est en action. C'est donc une étude dynamique de l'activité cérébrale dans laquelle l'EEG s'inscrit parfaitement. Ces méthodes consistent à faire effectuer une tâche cognitive au sujet (lecture, calcul mental, communication...) afin de mesurer indirectement le signal produit par l'activité neuronale. En fonction des différents outils mathématiques employés dans les techniques, il est désormais possible de trouver avec une précision plus ou moins grande quelle région était significativement active à tel instant de la tâche cognitive réalisée. La plus connue et la plus prometteuse de ces méthodes est l'IRM fonctionnelle (IRMf)[53]. Depuis son fonctionnement en 1990, elle ne cesse de susciter l'intérêt des chercheurs en médecine et neurosciences mais aussi celui des autres disciplines par sa propension à être utilisée hors du laboratoire et de la sphère médicale[54]. Elle permet d'obtenir des images tridimensionnelles du cerveau en activité. Ce système mesure les variations hémodynamiques du cerveau en se concentrant sur l'effet BOLD (*Blood Oxygen Level Dependant*). Plus simplement, lorsque la tâche cognitive est effectuée, l'activité neuronale sera indirectement mesurée à partir des variations de volume, de débit et d'oxygénation du sang qui donnent au cerveau l'énergie nécessaire pour qu'il effectue cette tâche. L'augmentation du débit sanguin local perturbe le champ magnétique ce qui permet la mesure[55]. La technique de la tomographie par émission de positions (PET)[56] se rapproche de l'IRMf mais nécessite l'injection d'un produit radiopharmaceutique qui se fixe sur l'hémoglobine ou un neurotransmetteur pour effectuer la mesure. D'autres méthodes existent, comme la magnéto-encéphalographie

53 *Ibidem*

54 *Ibidem*

55 *Ibid.* p. 125

56 *Ibid.* p. 127

(MEG)[57] qui est assez proche de l'EEG. Un ensemble de bobines créant un champ magnétique est placé dans un casque sous lequel est situé le sujet. Lorsque la tâche cognitive est effectuée, l'activité électrique du cerveau est indirectement mesurée à travers les bobines. Pour finir, l'imagerie spectroscopique en proche infrarouge fonctionnelle (SPIRf)[58] se concentre sur les variations d'oxygène dans le cerveau pour en déduire son activité. Depuis 2011, l'IRMf par diffusion spectrale est également utilisée, elle est plus précise puisqu'elle permet l'observation de particules d'eau contenues dans la matière grise du cerveau afin de reconstituer la trajectoire des neurones activés. Ainsi, il est possible de localiser les neurones impliqués dans l'activité mais surtout d'estimer la direction de propagation de l'influx nerveux.

Ce panorama n'est pas exhaustif, seules les principales méthodes de neuroimagerie y ont été présentées. Grâce à l'observation du cerveau en activité et aux applications qui en découlent, ces appareils pourraient bientôt être au service de la justice, notamment dans le cadre de la preuve …

B. Un cadre législatif apparemment favorable à l'utilisation de la preuve neuroscientifique

Selon Merle et Vitu, « la procédure pénale tout entière gravite autour du problème de la preuve »[59]. Le système de la preuve a évolué au fil des époques. D'abord, c'est le système de la preuve irrationnelle ou primitive qui a prospéré à travers les ordalies. Il s'agissait de preuves hybrides, à la fois judiciaires et religieuses, consistant à soumettre le

---

57 OPECST, *L'impact et les enjeux des nouvelles technologies d'exploration...*, *op. cit.*, p. 62

58 GAUMONT-PRAT H., « La loi du 7 juillet 2011 relative à la bioéthique et l'encadrement des neurosciences », *LPA*, 2011, n° 231, p. 10

59 MERLE R., VITU A., *Traité de droit criminel*, *Procédure pénale*, t. 2, Paris, Cujas, 1990, n° 120, p. 151

demandeur et le défendeur à des épreuves dont l'issue était considérée comme déterminée par Dieu et désignait la personne innocente ou coupable. Dans le système anglo-saxon, ces simulacres de procès étaient appelés *trial by ordeal*[60]. Ensuite, le système a évolué vers celui de la preuve légale. La loi fixait les moyens de preuves admissibles et en déterminait la force probante ce qui a conduit à qualifier l'aveu de reine des preuves. À l'heure actuelle, l'article 427 du Code pénal pose le principe de liberté de la preuve qui témoigne de l'importance de la manifestation de la vérité en procédure pénale[61]. La preuve est objectivée, tous les modes de preuves sont admissibles pour les parties privées et le juge les apprécie selon son intime conviction[62]. Pour les autorités publiques, la liberté est bornée par le principe de légalité, de loyauté de la preuve et elle doit être recueillie dans le respect des droits de la défense[63] et ne pas contrevenir à la dignité humaine[64].

Pour tenir compte des avancées scientifiques, le système de la preuve a connu de profondes évolutions. Par conséquent, « moyens de rechercher et de recueillir la preuve ont été fortement modifiés »[65]. C'est ainsi que les interceptions judiciaires, la géolocalisation, l'utilisation des

---

60 LAUDE A., LAGARDE T., « Utilisation des neurosciences par le juge, l'avocat et l'expert : perspective historique », *in* Centre d'analyse stratégique, Séminaire du 11 sept. 2012, Document de travail n° 2012-07, *Le cerveau et la loi : analyse de l'émergence du neurodroit*, p.16

61 « Hors les cas où la loi en dispose autrement, les infractions peuvent être établies par tout mode de preuve et le juge décide d'après son intime conviction. Le juge ne peut fonder sa décision que sur des preuves qui lui sont apportées au cours des débats et contradictoirement discutées devant lui. »

62 Sauf exception, voir pour exemple art. 537 du C. pén. (preuves obligatoires)

63 Art. 9 DDHC, art. 6 CEDH

64 Art. 3 CEDH notamment

65 AMBROISE-CASTEROT C., « Recherche et administration des preuves en procédure pénale : la quête du Graal de la vérité », *AJ Pénal*, 2005, p.261

IMSI catcher mais surtout l'exploitation des données génétiques (ADN) ont été permises. La preuve techno-scientifique est donc sur le devant de la scène et se retrouve de plus en plus utilisée puisqu'elle donne l'impression d'avoir une dimension plus objective, d'être plus fiable et emporte plus facilement l'intime conviction des juges bien qu'elle n'ait pas plus de valeur probante qu'un simple témoignage... Pour certains, elle tend même à devenir la « reine des preuves »[66] .

Lors de la rentrée solennelle de la Cour de cassation en 2009, le Président Nicolas Sarkozy appelait d'ailleurs à une modification de la procédure pénale pour qu'elle soit plus adaptée aux évolutions de la police technique et scientifique[67]. Avant, les techniques utilisées par la police et la justice pour établir la preuve d'un crime et identifier son auteur appartenaient au domaine de la criminalistique[68]. Maintenant, il est absorbé par les *sciences forensiques* qui englobent la police technique et scientifique ainsi que la médecine légale et thanatologique, c'est donc « l'ensemble des procédés visant, par la recherche, le rassemblement et l'exploitation scientifique des indices du crime à en comprendre les mécanismes en vue d'identifier les parties prenantes »[69]. Il s'agit de faire « parler la scène de crime »[70] comme c'est le cas avec l'exploitation de l'ADN. En revanche, les neurosciences se situent sur un autre plan puisqu'elles ne font pas à proprement parler un indice, mais un cerveau... Cependant, elles s'inscrivent parfaitement dans

---

66 HAUSER J., « La preuve biologique, reine des preuves ? », *RTD civ.*, 1993, p. 811 ; VUILLE J., *L'ADN, reine des preuves ou roi des canulars ?*, Paris, L'Hèbe, coll. La question, 2011

67 LARRIEU P., « La réception des neurosciences par le droit pénal », *AJ Pénal*, 2011, p. 231 ; https://www.courdecassation.fr/institution_1/occasion_audiences_59/debut_annee_60/discours_m._sarkozy_12048.html

68 LARRIEU P., *Neurosciences et droit pénal..., op. cit.*, p.39

69 BUISSON J., *Répertoire de droit pénal*, 2013, voir Preuve, n° 59

70 LARRIEU P., « La réception des neurosciences... », *loc. cit.*

le cadre des nouvelles techniques potentiellement applicables lors d'une enquête et pourraient contribuer à la manifestation de la vérité.

Par ailleurs, si la preuve est libre en droit pénal, la loi du 7 juillet 2011 n'interdit pas l'utilisation des neurosciences comme mode de preuve. Pourtant, au départ, l'Office parlementaire des choix scientifiques et technologiques (OPECST) recommandait d'interdire l'utilisation en justice de la neuroimagerie et donc, *a fortiori*, de la preuve neuroscientifique[71]. Le rapport de la Commission spéciale chargé d'examiner le projet de loi préconisait également d'interdire l'usage en justice de la preuve neuroscientifique[72]. Ce n'est pourtant pas le choix qu'a fait le législateur, aucune interdiction n'est expressément prévue par la loi dans le nouvel article 16-4 du Code civil. Cela laisse entendre que la porte n'est pas totalement close pour l'utilisation des neurosciences en matière de preuve. Dans une réponse ministérielle publiée le 16 août 2011[73], le Garde des Sceaux suggère même un véritable droit à la preuve neuroscientifique car la personne est, dans le cadre des droits de la défense, autorisée à se défendre par tous les moyens qu'elle juge utiles, y compris les neurosciences. En France, sous réserve des limites évoquées antérieurement, rien n'interdit d'imaginer que la preuve neuroscientifique puisse être recevable ou les techniques utilisables dans le but de concourir à l'établissement matériel des faits.

---

71 OPECST, *L'impact et les enjeux des nouvelles technologies d'exploration...*, *op. cit.*, p. 141

72 LEONETTI J., *Rapport fait au nom de la commission spéciale chargée d'examiner le projet de loi relatif à la bioéthique*, n° 3111, enregistré à l'Ass. Nat. le 26 janvier 2011

73 MERCIER M. (Garde des Sceaux 2010-2012), *Réponse ministérielle à M. Fréon Hervé*, QE n° 106282, publiée au JOAN le 16 août 2011. 16 août 2011

Comparativement, aux États-Unis, les règles encadrant l'admissibilité des preuves techno-scientifiques sont strictes[74]. En 1923, pour qu'une telle preuve puisse être admise en justice, elle devait être issue d'un savoir partagé unanimement par une communauté de spécialistes. Cette condition *sine qua non* est issue de la jurisprudence dite du « *Frye Test* »[75] . Face à la difficulté d'obtenir un consensus, des règles plus objectives ont été mises en place dans les « *Federal rules of evidence* »[76] . Puis en 1993, des critères supplémentaires ont été posés par la Cour Suprême dans le célèbre arrêt *Daubert*[77] afin d'éviter que la « junk science » ne fasse irruption au sein des prétoires américains[78]. Pour que la preuve scientifique soit recevable et ne soit pas taxée de pseudoscience, quatre exigences doivent être remplies. Il s'agit du « standard Daubert » aussi appelé « Daubert test ». La technique doit être fiable c'est-à-dire testée ou testable, la communauté scientifique doit l'accepter de manière générale après critique et examen par les pairs et enfin le taux d'erreur potentiel ou avéré doit être connu[79]. Pour l'imagerie cérébrale, plus spécifiquement, la preuve est recevable, si et seulement si la méthode et les théories des tests effectués ont été acceptées sans la moindre réserve de la part des spécialistes et que le juge conserve sa faculté d'évaluation de

---

74 LARRIEU P., *op. cit.*, p. 70 et LAUDE A., LAGARDE T., « Utilisation des neurosciences par le juge, l'avocat et l'expert : perspective historique », *in* Centre d'analyse stratégique, Séminaire du 11 sept. 2012, Document de travail n°2012-07, *Le cerveau et la loi : analyse de l'émergence du neurodroit*, p. 15-18

75 *Frye vs United States*, 293 F 1013 (D.C Cir. 1923)

76 LARRIEU P., *op. cit.*, p. 70 et LAUDE A., LAGARDE T., *loc. cit.*

77 *Daubert vs Merrill Dow Pharmaceuticals*, 22509 U.S 579 (1993)

78 *Ibidem* ; MILLER A.N., « Daubert and junk science : have admissibility standards changed ? », *Defense Counsel Journal*, vol. 61, n° 4, Octobre 1994 (consulté sur internet URL : https://www.questia.com/library/journal/1G1-15881380/daubert-and-junk-science-have-admissibility-standards)

79 *Ibidem*

fiabilité de la preuve[80] . Au Canada également et plus généralement dans les pays anglo-saxons ayant une procédure pénale de type accusatoire (Grande-Bretagne, Inde…), une neurojurisprudence se développe de manière fulgurante.

Il est vrai que les applications de cette science, qui consistent à faire parler le cerveau, peuvent potentiellement devenir un atout pour prouver la matérialité des faits, surtout au stade de l'enquête.

§ 2. La preuve neuroscientifique, ou comment faire parler le cerveau

Le cerveau du suspect mais aussi celui des témoins ou des victimes peut être soumis à l'application des neurosciences. Si la question de la détection du mensonge a un regain d'intérêt depuis les progrès de la neuroimagerie (A), celle du « neuro-témoignage » n'en reste pas moins intéressante (B).

A. La détection du mensonge, une question actualisée par les neurosciences

Mensonge et vérité sont antinomiques. Or, la vérité joue un rôle primordial dans le procès pénal, sa manifestation est essentielle. Par conséquent, le mensonge devient l'ennemi contre lequel il faut lutter. L'histoire le prouve, dès qu'un nouvel outil de détection du mensonge voit le jour, le monde judiciaire, et plus particulièrement les enquêteurs, s'y intéressent avec la plus grande attention. Le polygraphe est d'ailleurs devenu emblématique tant il a divisé les communautés scientifiques et judiciaires sur ses perspectives d'application. Cette machine, développée au XXe siècle par Vittorio Benussi, William Marston et finalisée par John A.

80 BYK C., « Neurosciences et administration de la preuve pénale devant les juridictions des États-Unis », *Médecine et Droit*, 2011, p. 59-63

Larson, mesure les réactions physiologiques de l'individu qui est soumis à l'examen. Le fonctionnement est assez simple et repose sur l'idée que lorsqu'un individu ment, sa pression sanguine, ses fréquences cardiaques et respiratoires ainsi que sa conductance cutanée (transpiration) augmentent[81]. Ces variations seraient caractéristiques du mensonge. Les résultats, anciennement transcrits sur papier, sont traités par voie informatique.

Aux États-Unis, à l'occasion de l'affaire *Frye* précitée, la technique avait été jugée irrecevable. Dans l'arrêt *Daubert*, la Cour Suprême a finalement déclaré l'admissibilité du recours au procédé. Trois ans plus tard, elle a ajouté dans l'arrêt *Scheffer* que « [son] rejet entraînerait une restriction inconstitutionnelle du droit au défendeur de présenter sa défense [ce qui] serait contraire au sixième amendement de la Constitution américaine »[82]. Cependant, en 1998, la Cour suprême des États-Unis est revenue sur sa décision déclarant ainsi inadmissible la production de résultats de tests polygraphiques devant la justice. Par la suite, les tribunaux ont rendu des décisions très hétérogènes ce qui a conduit à la nécessaire rédaction d'un rapport du Conseil national de recherche qui interdit l'utilisation des résultats comme moyen de preuve mais qui autorise les services de police (surtout le FBI) à les utiliser dans le cadre d'une enquête criminelle[83]. La question de la recevabilité du procédé reste toutefois encore floue et il n'est pas exclu que l'interdiction de principe ne se transforme en autorisation dans les années à venir. En effet, en 2007, les juridictions de dix-neuf États

---

81 BLAIN B., OULLIER O., « Détecter le mensonge dans le cerveau, in neuro veritas ? », *in* Centre d'analyse stratégique, Séminaire du 11 sept. 2012, Document de travail no2012-07, *Le cerveau et la loi : analyse de l'émergence du neurodroit*, p.98

82 *US. vs Scheffer*, 41, M.J. 683 (1996), trad. par nos soins

83 National Research council (U.S), *Committee to Review the Scientific Evidence on the Polygraph*, 2003. URL : https://www.nap.edu/read/10420/chapter/1; LARRIEU P., *Neurosciences et droit pénal...*, *op. cit.*, p. 71

américains ont obtenu l'admission ponctuelle du test sur requête spéciale[84].

Plus au Nord, au Canada, l'examen polygraphique n'a aucune valeur probante depuis l'arrêt de référence *La Reine contre Béland et Phillips* de 1987[85]. Toutefois, le témoignage du spécialiste ayant interprété les résultats peut être entendu lors d'une procédure de « voir-dire »[86]. Un autre appareil est également utilisé afin de confondre les auteurs d'agressions sexuelles : le pléthysmographe aussi appelé détecteur de mensonges pénien. Il s'agit d'un outil neuroscientifique qui enregistre la circonférence pénienne et les changements d'amplitude suite à divers *stimuli* visuels à la suite de présentation de films ou images à caractère sexuel. Cet outil est souvent couplé avec la vidéo-oculographie[87] qui consiste en un suivi oculomoteur lors de la présentation de personnages numériques masculins et féminins nus d'âges différents pour « déceler la présence d'intérêts sexuels pour les enfants chez des agresseurs sexuels de mineurs »[88]. Pour ce qui est de la pratique judiciaire canadienne, la pléthysmographie pénienne est sans conteste la reine des preuves dans le cadre d'agressions sexuelles puisque c'est le premier élément de discussion entre le Procureur de la Couronne et la défense lors de la négociation pénale[89]. Si le résultat n'est pas favorable à la défense, ses chances de voir

---

84 BLAIN B., OULLIER O., *op. cit.*, p. 100

85 *RC Béland*, Recueil de la Cour Suprême du Canada, n° 398, 1987

86 En droit criminel canadien, il s'agit d'une audience qui a pour but de déterminer si la preuve avancée par l'une ou l'autre des parties est recevable. Si la preuve n'est pas admissible, elle ne pourra pas servir pour déterminer la culpabilité de l'accusé, *RC Oickle*, Recueil de la Cour suprême du Canada, dossier 3, n° 26235, 2000

87 DREAN-RIVETTE I., « L'utilisation d'outils neuroscientifiques en droit criminel canadien : un regard comparé pour une éthique réflexive », *in* LARRIEU P., ROULLET B., GAVAGHAN C. (sous la dir. de), *op. cit.*, p. 224

88 *Ibidem*

89 *Ibidem*

les négociations sur les incriminations et sur la peine prospérer sont très minces voire inexistantes[90]. En ce qui concerne l'Europe, le polygraphe est interdit en France puisqu'il est jugé attentatoire à la dignité humaine et aux droits de la défense et qu'il n'est pas fiable tout comme la narco-analyse utilisant le penthotal ou la scopolamine[91] autrement appelés sérum de vérité[92]. En Belgique, l'examen polygraphique est autorisé comme méthode d'interrogatoire depuis 2001 mais n'a aucune valeur probante, il sert juste d'indicateur aux enquêteurs et aux magistrats.

Par ailleurs, l'imagerie cérébrale fonctionnelle donne naissance à des détecteurs de mensonges nouvelle génération que l'on peut qualifier de « neurodétecteurs ». Lors de l'adoption de la loi du 7 juillet 2011, les parlementaires souhaitaient expressément interdire ces examens en tant que méthode d'enquête et de preuve[93]. Cela n'a pas été suivi d'effet. La neurodétection du mensonge reposerait sur l'idée qu'il existe une sorte de signature neuronale du mensonge. En effet, mentir supposerait un effort de réflexion activant certaines zones du cerveau situées dans le lobe frontal, le lobe temporal ainsi que le système limbique lié aux émotions[94]. Les États-Unis sont favorables à une utilisation de ces procédés en matière judiciaire. Lawrence Farwell a même mis au point une technique utilisant l'EEG pour

---

90 *Ibidem*

91 Trib. Corr. Seine, 23 fév. 1949

92 HALPERIN J.L., « La preuve judiciaire et la liberté du juge », *Communications*, vol. 84, n° 1, 2009, p. 21-32

93 MILON A., *Rapport fait au nom de la commission des affaires sociales sur le projet de loi relatif à la bioéthique*, n° 388, enregistré à la présidence du Sénat le 30 mars 2011

94 DANIEL C., « Le mensonge dévoilé par l'imagerie médicale », *Sciences et Avenir* [en ligne], mis en ligne le 30 nov. 2004, consulté le 1er oct. 2016. URL : https://www.sciencesetavenir.fr/sante/le-mensonge-devoile-par-l-imagerie-medicale_24863

déceler le mensonge, il s'agit du *Brain fingerprinting*[95] ou technique de l'empreinte cérébrale. Elle se base sur la mesure de l'onde P300 qui a une forme différente selon que le stimulus présenté est familier ou non à la personne. Par exemple, lors d'un interrogatoire, si les enquêteurs sont en possession de l'arme du crime, ils peuvent soumettre le suspect à ce test. Si à la vue de l'arme, l'onde P300 est enregistrée sous forme de pic, il est fort probable que la personne ait déjà vu cet objet. Alors que la méthode n'a jamais été retenue comme preuve principale aux États-Unis, elle a servi de base à la condamnation d'Aditi Sharma par le tribunal de Pune dans l'État du Maharashtra en Inde en 2008[96]. La technique utilisée était un dérivé du *Brain fingerprinting* appelé B*rain Electrical Oscillation Signature test* (BOES). C'est la soixante-quinzième fois que le test était utilisé mais la première fois qu'il était retenu comme preuve à charge par l'enregistrement d'une activité cérébrale dite incriminante. Selon le compte-rendu effectué par le laboratoire médico-légal de Bombay[97], le cerveau de l'accusée réagissait à l'identique en entendant des phrases telles que « j'ai eu une liaison avec Udit », « j'ai acheté de l'arsenic dans un magasin » et « j'ai mélangé l'arsenic à sa nourriture ». Le postulat servant d'étalon étant « le ciel est bleu ». Selon le tribunal, seul le meurtrier « pouvait avoir une connaissance aussi intime des circonstances du crime »[98], notamment de la substance utilisée. La jeune indienne condamnée à perpétuité a finalement été libérée sous caution six mois plus tard suite à une décision de l'Institut indien des neurosciences et de la santé mentale qui interdisait finalement que ces tests soient utilisés dans les affaires judiciaires.

---

95 Utilisée dans l'affaire *Harrington vs State*, case n° PCCV 073247, Iowa (5 march 2001)

96 ROSEN J., « The brain on the Stand », *The New York Times*, 11 mars 2007

97 LAUDE A., LAGARDE T., *op. cit.*, p. 25

98 *Ibidem*

Aucune utilisation des neurodétecteurs de mensonges n'a été réalisée en France et à l'heure actuelle, dans aucun pays cette preuve n'a été retenue comme fondant de manière exclusive une condamnation. Elle a toujours été corroborée par des éléments plus concrets et tangibles[99]. Mais, force est de constater que son utilisation pourrait se révéler utile notamment en matière de terrorisme, préoccupation récurrente des pouvoirs publics français depuis la vague d'attentats initiée en 2013.

Le neurodétecteur de mensonge a été présenté dans son application sur le cerveau du suspect. Mais, il pourrait aussi être appliqué aux témoins ou à la victime dans le but de détecter la « véracité » d'un témoignage.

B. La recherche de la « crédibilité » des témoins, le « neuro-témoignage »

Dans bon nombre d'affaires, les preuves matérielles sont minces, inexploitables voire inexistantes. Les témoignages jouent alors un rôle majeur et constituent bien souvent l'unique moyen d'établir la matérialité des faits. Mais, la mémoire et les facultés mentales humaines sont bien loin d'être infaillibles. La dimension d'un discours peut, à première vue, se révéler beaucoup plus subjective que des preuves matérielles. C'est ainsi que bien souvent, les déclarations des témoins oculaires ou des victimes peuvent se révéler inexactes, incomplètes ou imprécises ... Surtout face à une situation particulièrement traumatisante et dans le contexte d'un interrogatoire de police. La question de la crédibilité des témoins pose donc de réels problèmes. Le naufrage de l'affaire d'Outreau en est l'exemple phare. En effet, pour les enquêteurs et les magistrats, ces affaires

99 *United States vs Hinckley*, 672 F. 2d 115 (D.C. Cir. 1982)

« paroles contre paroles » sont extrêmement difficiles à appréhender[100].

Lorsque les enquêteurs interrogent une victime ou un témoin, cela prend la forme d'un entretien. La première technique utilisée porte le nom « d'entretien standard »[101]. Il n'est pas gouverné par un protocole précis d'audition mais peut schématiquement être découpé en deux phases. La première s'apparente à une sorte d'introduction composée de la narration des faits par la personne entendue. Ensuite, un interrogatoire composé de questions courtes de types binaires est réalisé. Dès 1979, différentes études fustigent cette méthode puisqu'elle conduit à des récits erronés, incomplets voire à de fausses accusations formulées par des témoins démotivés et passifs ayant le sentiment de ne pas être écoutés[102]. Les deux phases théoriques ont tendance à se chevaucher suite aux interruptions intempestives des policiers. La qualité des questions est souvent remise en cause, la plupart du temps elles se sont avérées fermées et susceptibles d'orienter les réponses du témoin. C'est à la suite de ce constat que des chercheurs en psychologie cognitive se sont focalisés sur ces entretiens afin de proposer une méthode plus fiable. L'équipe dirigée par Edward Geiselman en Californie a ainsi proposé un nouveau modèle d'audition appelé « entretien cognitif »[103] destiné à faciliter la remémoration des souvenirs en se basant sur le modèle général de fonctionnement de la mémoire humaine dégagé par Tuvling en 1974. Il repose sur quatre opérations mnémotechniques. La première consiste en une « hypermnésie » c'est-à-dire la remémoration de tous les

---

100 LARRIEU P., *Neurosciences et droit pénal..., op. cit.*, p. 53

101 PRZYGODZKI-LIONET N., *Psychologie et justice – de l'enquête au jugement*, Paris, Dunod, coll. Psycho Sup, 2012, p. 12

102 *Ibidem*

103 *Ibid.*, p. 14

détails même ceux pouvant paraître insignifiants[104]. Ensuite, vient la « recontextualisation mentale » au niveau environnemental et émotionnel. Puis le « changement d'ordre de narration » et le « changement de perspective ». Le premier invite la personne auditionnée à raconter les événements dans un ordre chronologique inhabituel et le second selon la perspective d'une autre personne ou d'un angle de vue différent. Malgré tous ces efforts pour faciliter la remémoration chez la victime ou le témoin, cette méthode psychologique n'a pas réellement démontré son efficacité. Souvent, face à un choc traumatique, les souvenirs ne sont pas accessibles au conscient en raison du processus de refoulement[105] ce qui rend les témoignages lacunaires...

Par ailleurs, lorsqu'elle est appliquée aux enfants et/ou aux victimes d'infractions sexuelles, cette technique d'audition se révèle d'autant plus lacunaire. Même si cette difficulté parvenait à être résolue et qu'un modèle d'entretien s'avérait être plus fiable, la question de la « crédibilité » des dires de chacun ne trouverait pas de réponse satisfaisante. En effet, cette notion extrêmement floue et aux contours imprécis montre de sérieuses limites à tel point qu'après la très médiatique affaire d'Outreau, un groupe d'experts a proposé l'abandon de cette notion des expertises psychologiques[106]. Le premier obstacle est intrinsèque au concept et tient à sa définition. Qu'est-ce que la « crédibilité » ? Assurément, « crédibilité » ne rime pas avec « véracité » et l'un ne doit pas être confondu avec l'autre. En effet, ce concept sous-entend « la capacité globale de la

---

104 *Ibid.*, p. 15

105 MOTTE DIT FALISSE J., *Les hypothèses de déni*, colloque « Violences sexuelles : vérité et mensonge » - 7e journée du CRIAVS Lorraine, Nancy, 21 oct. 2016

106 VALLINI A., HOUILLON P., *Rapport fait au nom de la commission d'enquête chargée de rechercher les causes des dysfonctionnements de la justice dans l'affaire d'Outreau et de formuler des propositions pour éviter leur renouvellement*, n° 3125, enregistré à l'Ass. Nat. le 6 juin 2006

victime à rendre compte de la réalité »[107]. En d'autres termes, ce n'est pas parce qu'un propos est crédible qu'il est vrai. Inversement, une déclaration considérée comme manquant de crédibilité ne veut pas dire qu'elle est mensongère. Il faut savoir que l'expertise de crédibilité n'est ni obligatoire, ni prévue par les textes[108]. Dans l'affaire d'Outreau, une telle expertise a néanmoins été demandée pour évaluer la crédibilité des témoignages des enfants supposés victimes d'agression sexuelle. L'imprécision de la notion a été mise à jour de manière, il faut bien le dire, quasi caricaturale. En effet, que dire de la crédibilité du témoignage d'un enfant ? En l'espèce, leur parole a été sacralisée alors que si l'on s'en tient à l'imagerie médicale, leur développement cérébral est insuffisant pour qu'une véritable adéquation du propos au réel soit possible[109]. C'est en réalité l'utilisation de la notion qui pose problème au regard de la procédure pénale et qui constitue l'obstacle le plus dirimant. Est-ce la personne qui doit être crédible ou son témoignage dans un contexte donné ? La question a été tranchée en Allemagne par la Bundesgerichtshof (Cour suprême fédérale) qui pose une méthodologie très stricte dans un arrêt de 1999 et qui affirme que c'est bel et bien la déclaration qui doit revêtir un aspect crédible[110]. Cette solution est la plus satisfaisante car si on s'en tenait au premier postulat, cela sous-entendrait qu'en fonction des traits de caractère de la personne, la crédibilité peut se voir purement et simplement annulée. Le propos d'un malade mental, si on suit ce raccourci hasardeux et fallacieux, serait toujours considéré comme non crédible

107 LARRIEU P., *Neurosciences et droit pénal..., op. cit.*, p. 55

108 LACHAUX B. et al. « Crédibilité et expertise psychiatrique », *L'information psychiatrique*, vol. 84, n° 9, 2008, p. 853-860

109 ARNOULD F., « Vérité ou mensonge : les adultes savent-il détecter la crédibilité des témoignages d'enfants ? », *PsychoTémoins : Actualité de la recherche sur les témoignages juridiques* [en ligne], 12 octobre 2012, consulté le 5 décembre 2016
URL : http://psychotemoins.inist.fr/?Verite-ou-mensonge-les-adultes

110 LACHAUX B. et al., *loc. cit.*

contrairement à celui d'une personne « saine d'esprit ». Pour éviter ces erreurs grossières, les experts ont proposé de substituer la notion de crédibilité par celle d'authenticité ou de plausibilité[111]. Quoi qu'il en soit, un changement terminologique ne rend pas obsolètes toutes les interrogations posées par cette expertise empreinte d'une grande subjectivité. Dans ce cas, grâce à la neuroimagerie, deux solutions seraient envisageables pour rendre la situation plus objective[112]. Soit donner un regain au terme de crédibilité et analyser *via* l'imagerie fonctionnelle et structurelle le développement du cerveau et déterminer s'il est suffisant pour avoir une approche rationnelle du réel. Soit abandonner totalement ce concept et soumettre les témoins et victimes au détecteur de mensonges pour espérer voir coïncider la vérité médico-légale et la vérité judiciaire.

Dans une autre perspective, des tentatives ont déjà été entreprises par le passé pour tenter d'améliorer la mémoire des témoins. C'est le cas de l'hypnose qui peut se définir comme « un état de conscience particulier, entre la veille et le sommeil, provoqué par la suggestion »[113]. Grâce à cette méthode, il est possible de récupérer des souvenirs non accessibles au conscient. En matière judiciaire, cette technique est autorisée aux États-Unis depuis la décision *State vs Hurd* de la Cour Suprême de Californie en 1968[114]. Ce n'est pas la position qu'a choisi d'adopter la jurisprudence française. Par une décision du 12 décembre 2000, la Chambre criminelle de la Cour de cassation a posé le principe suivant : le recours à l'hypnose pour soutenir un témoignage n'est pas conforme à l'encadrement légal relatif

111 *Ibidem*

112 BYK C., « Les neurosciences : une contribution à l'identité individuelle ou au contrôle social ? », *RDSS*, 2012, p. 800

113 Dictionnaire Larousse en ligne URL : http://www.larousse.fr/dictionnaires/francais/hypnose/41134?q=hypnose#41033

114 *State vs Hurd*, 86 N.J. 525, 432 A.2d 86, 92 (1981)

aux modes d'administration de la preuve dans le domaine pénal et contrevient aux droits de la défense[115]. La neuropharmacologie ouvre alors une voie intéressante pour pallier les déficits de la mémoire lors des interrogatoires. Des substances psychostimulantes, aussi appelées « *smart drugs* » sont désormais disponibles et agissent directement sur la cognition en augmentant les facultés mnésiques, on parle de tropisme cognitif. Il serait alors possible d'utiliser, sous réserve du consentement, des nooanaleptiques qui ont pour effet de stimuler la vigilance et donc la concentration ou des molécules comme le chlorhydrate méthylphénidate et le modafinil qui améliorent les performances cognitives[116]. Le témoin entendu pourrait alors être qualifié de « témoin-augmenté » et son témoignage deviendrait alors un « neuro-témoignage ».

Tout comme le cerveau est le siège des souvenirs, utiles à la manifestation de la vérité dans le procès pénal, il peut également être source de préjugés. En ce sens, les neurosciences sont susceptibles d'éclairer le concept d'impartialité et de lui donner une dimension concrète.

Section 2. Le cerveau, source de préjugés : détecter la partialité

Le principe d'impartialité est essentiel en droit pénal (§ 1) c'est pourquoi le fait que les neurosciences puissent contribuer à son effectivité pourrait se révéler avantageux (§ 2).

---

115 Cass. Crim., 12 déc. 2000, n° 00-83852, Dalloz 2001, p. 1340, note MAYER D. et CHASSAING J.F. ; *RSC*, 2001, p. 610, note GIUDICELLI A. *relative à l'exclusion de l'audition d'un témoin sous hypnose* ; Cass. Crim., 28 nov. 2001, Bull. Crim. n° 247 *: les aveux sous hypnose d'une personne mise en examen ne peuvent être considérés comme preuve*

116 DE PAUW E., « Le 'dopage cognitif' : signification et enjeux », *Journal International de Bioéthique*, 2011/3, vol. 22, p. 78-92

§ 1. L'impartialité des juges et des jurés

L'exigence d'impartialité est fondamentale dans toutes les branches du droit, surtout en droit pénal car le juge est amené à prononcer des sanctions (A). C'est pourquoi, des mécanismes protecteurs sont prévus en cas de partialité d'un juge ou d'un juré (B).

A. Les fondements et la valeur d'un principe clé

L'impartialité est une exigence universellement partagée. Il s'agit « d'un impératif procédural qui assure au justiciable le droit à ce que sa cause soit entendue par un tribunal indépendant et impartial [dans le but] de garantir le droit à un procès équitable »[117]. En ce sens, elle peut être conçue comme un attribut des droits de l'Homme et comme une obligation déontologique pour le juge. Elle fait partie du droit au procès équitable qui est la pierre angulaire de toute procédure judiciaire. Le principe de l'impartialité a une valeur nationale et supranationale. Sans être exhaustif, sur le plan international, il est possible de citer l'article 14§1 du Pacte international relatif aux droits civils et politiques de New York et les principes de Bangalore sur la déontologie judiciaire[118]. En ce qui concerne les dispositions européennes, l'article 47 de la Charte des droits fondamentaux de l'Union européenne (UE) et l'article 6§1 de la Convention européenne de sauvegarde des droits de l'Homme et des libertés fondamentales (CEDH) imposent aux États de garantir l'accès à des tribunaux indépendants et impartiaux. À l'échelle nationale, les sources sont multiples et de valeur différente. En se fondant sur les dispositions de l'article 16 de la Déclaration des droits de l'Homme et du

---

117 GUINCHARD S., DEBARD T. (sous la dir. de), *Lexique des termes juridiques*, 20e éd., Paris, Dalloz, 2013, p. 480

118 FRICERO N., « Récusation et abstention des juges : analyse comparative de l'exigence commune d'impartialité », *Nouveaux Cahiers du Conseil constitutionnel*, Cahier n° 40, juin 2013

citoyen (DDHC) de 1789, le Conseil constitutionnel a, dans une décision de 1964[119], conféré valeur constitutionnelle au droit de recourir à un juge. Sur ce même fondement, il a rappelé que « les principes d'indépendance et d'impartialité [sont] indissociables des fonctions juridictionnelles »[120]. Le Conseil d'État, quant à lui, a déclaré que l'impartialité était issue d'un principe général du droit[121]. Dans le domaine pénal, l'exigence est inscrite dans l'article préliminaire introduit par la loi du 15 juin 2000 dans le Code de procédure pénale. D'un point de vue légistique, la place occupée par l'impartialité dans le Code de procédure pénale n'est pas sans conséquence : elle est révélatrice de son appartenance aux principes directeurs de la procédure pénale.

L'impartialité a un double visage. Elle a un versant subjectif et une dimension objective bien que la frontière entre les deux ne soit pas hermétique. L'impartialité objective, plus communément appelée impartialité fonctionnelle, se rapporte aux fonctions qu'occupe le juge au cours de la procédure. L'alinéa 2 de l'article préliminaire du Code de procédure pénale pose de manière générale le principe de la séparation des autorités de poursuite et de jugement. L'article 253 du Code de procédure pénale impose la même exigence devant la Cour de cassation. Dans une décision du 2 février 1995 sur la loi relative à l'organisation des juridictions et à la procédure civile pénale et administrative, le Conseil constitutionnel a réaffirmé l'importance de cette condition. Il a déclaré qu' « en matière de délits et de crimes, la séparation des autorités chargées de l'action publique et des autorités de jugement concourt à la

---

119 Cons. Const., n° 96-373 DC, 9 avr. 1996; *AJDA*, 1996, p. 371, obs. Schrameck.

120 *Ibidem*

121 CE, *Karsenty*, req. n° 261706, 20 avr. 2005

sauvegarde de la liberté individuelle »[122]. En effet, les membres du parquet ne sont pas indépendants puisqu'il s'agit d'un corps hiérarchisé et soumis à l'autorité du gouvernement pour la nomination des membres et les orientations générales de politique criminelle. Or, l'indépendance est un gage nécessaire pour prétendre être impartial. Pour illustrer, un membre du ministère public devenu magistrat du siège ne peut pas juger une affaire dans laquelle il a personnellement accompli un acte de poursuite[123]. Les autorités d'instruction et de jugement doivent également être séparées selon des règles différentes pour la justice des majeurs et des mineurs. Cet aspect ne sera pas développé davantage car ce n'est pas le plus intéressant ici bien que l'idée d'un pré-jugement de culpabilité motive cette interdiction.

L'autre facette du principe, l'impartialité subjective ou fonctionnelle, est celle qui va retenir notre attention. Son principe est également posé à l'article préliminaire du Code pénal. Pour que cette condition soit remplie, le juge ou plus largement les jurés, ne doivent pas avoir, dans leur for intérieur, un préjugé favorable ou défavorable sur la culpabilité de l'accusé. Elle concerne donc les données personnelles comme l'expérience professionnelle, les opinions politiques ou encore les opinions religieuses. Elle peut se déduire des propos tenus par le magistrat ou le juré avant le jugement ou résulter d'un conflit d'intérêts. Selon la Cour européenne des droits de l'Homme (CourEDH), l'impartialité subjective d'un magistrat se présume jusqu'à preuve du contraire[124]. Il ne s'agit que d'une présomption simple qui peut être renversée. Toutefois, en matière d'impartialité subjective du juge, la preuve est délicate à rapporter puisqu'il faut démontrer que le pré-jugement

---

122 Cons. Const., no 95-360 DC, 2 février 1995

123 CourEDH, *Piersack c. Belgique*, req. n° 8692/79, 1er oct. 1982

124 CourEDH, *Kyprianou c. Chypre*, req. n° 73797/01, 15 décembre 2005

existait dans le for intérieur du magistrat ou du juré. Or, par définition, le for intérieur d'un individu n'est pas visible ni accessible puisqu'il relève des pensées, de la conscience. Seule une extériorisation du préjugé permettra éventuellement de prouver le défaut d'impartialité. Pour la chambre criminelle de la Cour de cassation et la CourEDH, il faut que le grief invoqué fasse naître « un doute raisonnable, objectivement justifié » pour que la partialité soit prouvée[125]. Dans ce cas, des mécanismes de protection pour garantir le principe peuvent être activés sur demande des parties au procès.

B. La sanction de la partialité

Il existe deux types de sanctions de la partialité. D'une part, les mesures préventives destinées à conjurer de manière anticipée une éventuelle partialité. D'autre part, des sanctions que l'on pourrait qualifier de curatives puisqu'elles interviennent *a posteriori*. En cas de doute sur l'impartialité, le juge peut lui-même demander à être dessaisi de l'affaire mais ce cas est plutôt rare dans le cadre de l'impartialité personnelle. Plus généralement, c'est celui qui craint le manque d'impartialité du juge qui la demande.

Tout d'abord, l'interdiction de cumul des fonctions pour le juge au sein d'un même procès est une première garantie pour prévenir la partialité. Le statut de la magistrature adopté le 22 décembre 1958 pose également des incompatibilités de fonctions dans ses articles 8 et suivants[126]. Ces dernières ne concernent pas directement les fonctions au sein d'un procès. Elles ont une portée plus large. Selon l'article 8 du statut, un magistrat ne peut pas exercer « toutes autres fonctions publiques [...], activité professionnelle ou

---

125 CourEDH, *Piersack c. Belgique, loc. cit.* ; Cass. Crim., 14 janvier 2003, n° 02.87062

126 Article L111-5 du COJ et Ordonnance n° 58-1270 du 22 décembre 1958 portant loi organique relative au statut de la magistrature

salariée » même si des dérogations peuvent être demandées. L'activité de magistrat est également incompatible avec un mandat électif local ou parlementaire par exemple[127]. La liste n'est pas exhaustive mais elle démontre une volonté de la part du législateur de garantir l'impartialité des magistrats en excluant toute possibilité de pression de nature exogène. Le même mécanisme est prévu pour les jurés devant la Cour d'Assises[128]. Outre les incapacités posées à l'article 256 du Code de procédure pénale, l'article 257 du même Code dispose que les fonctions de jurés sont incompatibles avec un certain nombre d'activités comme par exemple être membre du Gouvernement, du Conseil constitutionnel (1°) ou du Conseil d'État, de la Cour de cassation (2°). Depuis 2005[129], être « fonctionnaire de police [...], de l'administration pénitentiaire et militaire, de la gendarmerie, en activité de service » est incompatible avec le statut de juré de Cour d'Assises. En effet, les jurés ont un rôle important, ils participent au choix de la peine prononcée. L'idée qu'ils puissent être partiaux n'est pas envisageable. Dès l'ouverture de la session, si certains jurés ne remplissent pas ces conditions, la Cour ordonne que leur nom soit rayé de la liste[130]. Si dans la liste, un conjoint, parent ou allié (oncle, neveu) d'un juge ou d'un juré inscrit avant lui sur la liste, est présent, le juge ordonne également la révision de la liste. Le juge procède à ces vérifications avant chaque affaire[131].

En dehors des cas où c'est le juge qui prend l'initiative de rayer un juré de la liste, la partie qui craint la partialité peut enclencher une procédure de récusation[132]. Pour demander la

---

127 Article 9 de l'ordonnance du 22 décembre 1948

128 Article 240 du CPP (principe du jury en Cour d'Assises), art. 266 du CPP (mécanisme du tirage au sort)

129 Loi n° 2005-270 du 24 mars 2005 portant statut général des militaires, JORF n° 72, 26 mars 2005, p. 5098

130 Article 289 du CPP

131 Article 291 du CPP

132 Articles 297 et s. du CPP

récusation, un ordre est établi. Tout d'abord c'est l'accusé ou son avocat qui demandent la récusation de tel ou tel juré au fur et à mesure que les noms sont tirés au sort[133] dans la limite maximale de quatre jurés lorsque la juridiction statue en premier ressort et de cinq jurés lorsqu'elle examine un appel[134] même en cas de pluralité d'accusés[135]. Ensuite, c'est au tour du ministère public d'exercer le même pouvoir. Il peut récuser jusqu'à trois jurés en première instance et quatre en appel[136]. Aucune des parties n'est obligée de motiver le motif de récusation[137].

Le juge aussi est susceptible d'être récusé dans neuf cas limitativement et expressément prévus à l'article 668 du Code de procédure pénale. Il faut qu'il y ait un lien entre le juge, son conjoint, partenaire de PACS ou concubin et le défendeur (lien familial, procès en cours…). Le motif de récusation le plus intéressant est celui cité en neuvième : « s'il y a eu entre le juge, son conjoint, son [partenaire de PACS] ou son concubin et une des parties, toutes manifestations assez graves pour faire suspecter son impartialité »[138]. La formulation « toutes manifestations assez graves pour faire suspecter » est assez floue dans la mesure où la gravité n'est pas définie ce qui pose un problème au regard de la légalité criminelle, principe cardinal du droit pénal[139]. Malgré tout, « toutes manifestations » est une expression relativement large qui sous-entend une extériorisation et qui permet de prévenir au mieux les risques de partialité, la catégorie étant assez générique.

---

133 Article 297 du CPP

134 Article 298 du CPP

135 Article 299 al. 2 du CPP

136 Article 298 du CPP

137 Article 279 dernier al. du CPP

138 Article 668, 9° du CPP

139 Art. 8 de la DDHC et art. 111-3 du C. pén.

Plus généralement, au lieu d'éliminer tel ou tel juge de la juridiction, une partie au procès peut prouver le manque d'impartialité dans le but d'échapper à une juridiction en son entier. C'est la demande de renvoi pour cause de suspicion légitime[140]. Cette procédure est applicable aux juridictions d'instruction ou de jugement en matière criminelle, correctionnelle et de police. Le dessaisissement de la chambre de la juridiction sur laquelle pèse le doute d'impartialité ne peut être décidé que par la Chambre criminelle de la Cour de cassation qui renvoie, le cas échéant, la connaissance de l'affaire à une juridiction du même ordre. La demande peut être formulée par toute partie au procès qui fait valoir que les magistrats qui composent la juridiction font ou risquent de faire preuve d'animosité ou d'inimitié à son égard. Il ne s'agit pas d'évaluer la partialité de chaque juge individuellement, c'est de façon collective que les magistrats doivent contrevenir au principe d'impartialité. Il est à noter que cette procédure est rarement utilisée. Il est plus simple de prouver la partialité d'un seul magistrat, qu'une partialité globale.

En plus des méthodes préventives, il existe des remèdes pour lutter postérieurement contre la partialité. En premier lieu, il est possible de faire annuler la décision à laquelle un magistrat impartial a participé. Mais ce n'est pas sans limite. Pour la récusation, par exemple, il est impossible de mettre en cause devant la Cour de cassation l'impartialité des juges du tribunal correctionnel ou de la Chambre des appels correctionnels si la partie n'a pas tenté d'obtenir le respect de ce principe en faisant usage de sa faculté de récusation[141]. Un pourvoi devant la CourEDH est également possible sur le fondement de l'article 6§1 de la CEDH. La deuxième méthode curative est d'engager la responsabilité du juge. Un magistrat qui manque à son devoir d'impartialité commet

140 Article 662 du CPP

141 Cass. Crim., 9 sept. 2009, n° 08-87.312

une faute disciplinaire que le Conseil supérieur de la magistrature peut sanctionner. Celui qui a souffert de la partialité d'un magistrat peut également engager indirectement la responsabilité civile de ce dernier via une action en responsabilité contre l'État. Enfin, la responsabilité pénale du juge peut être envisagée dans le cadre du délit de corruption qui conduit nécessairement à l'inobservation du principe d'impartialité[142].

De nombreux garde-fous sont mis en place pour protéger l'impartialité mais il ne faut pas être utopistes, juger est une activité humaine et comporte donc une part importante de subjectivité, ce qui entrave quelque peu l'image de cette exigence fondamentale. Ce constat est renforcé depuis que des neuroscientifiques se sont penchés sur le sujet.

§ 2. Les neurosciences au service du respect de l'impartialité

Les neurosciences cognitives se sont intéressées aux erreurs et biais décisionnels dans la prise de décision (A). Les apports de ces études pourraient permettre de garantir plus judicieusement le respect de l'impartialité en droit pénal (B).

A. La mise en lumière de biais décisionnels par les neurosciences cognitives

Prendre une décision et juger reposent nécessairement sur des mécanismes volontaires et rationnels[143]. En matière judiciaire, ce mode de pensée analytique est particulièrement présent. Cependant, outre cette méthode rationnelle, des facteurs émotionnels inconscients influent dans le processus. Longtemps ignorés, ces phénomènes intéressent de façon croissante les chercheurs qui tentent d'expliquer de manière

---

142 Article 434-9 du CPP

143 LARRIEU P., *Neurosciences et droit pénal..., op. cit.*, p. 53

neuroscientifique le processus de jugement. Les premiers travaux relèvent de la psychologie cognitive et sociale et datent des années 1970. En effet, en 1979, une étude dans le domaine économique menée conjointement par Daniel Kahneman[144] et Amos Tversky a démontré de manière scientifique que le mécanisme de la prise de décision ne se fondait pas de manière exclusive sur le raisonnement logique et rationnel[145]. De nombreuses illusions cognitives peuvent alors venir déformer et biaiser notre jugement... sans même que nous en ayons conscience ! Il s'agit de biais cérébraux qui peuvent se définir comme un mécanisme de la pensée qui induit une déviation systématique et inconsciente du jugement par rapport à la réalité. Pour en donner une illustration concrète, ces biais ont un mécanisme similaire aux illusions d'optique et aux mirages construits point par point par l'extrapolation cérébrale.

A l'image du cerveau humain, la typologie de ces biais est extrêmement riche, complexe et diversifiée. Il ne s'agira pas d'en dresser un panorama exclusif mais de se concentrer sur les plus évocateurs afin de tenter de comprendre que la pensée humaine n'est, à première vue, pas si « libre » que ce que l'on pourrait imaginer et que « les phénomènes irrationnels se produisent beaucoup plus systématiquement et insidieusement que ce que l'on croyait »[146]. Selon Daniel Kahneman, « nous ne [penserions] pas de la manière dont nous pensons »[147] et notre esprit serait structuré en deux entités principales interconnectées que tout oppose. Il les

---

144 Prix Nobel d'économie en 2002

145 KAHNEMAN D., TVERSKY A., « Prospect Theory : an analysis under risk », *Econometrica*, vol. 47, n° 2, mars 1979, p. 263-292

146 CORREIA V., « L'irrationalité est naturelle: comment la réduire ? Illusions cognitives et stratégies de contrôle épistémique », *Arch. philo. du droit*, t.55, 2012, p. 165-177

147 KAHNEMAN D., *Système 1 / Système 2 : Les deux vitesses de la pensée*, Flammarion, coll. Essais, 2012

dénomme « système 1 » et « système 2 »[148]. Le premier fonctionne plutôt de manière intuitive, rapide, émotionnelle et automatique sans que nous ayons conscience de son existence, tandis que le second est plus lent, détaché des émotions donc apparemment plus rationnelles. À ce titre, il est censé assurer le contrôle et le filtrage des erreurs produites par le premier. Cependant, malgré ce processus élaboré, Vasco Correia, un philosophe enseignant à l'Université de Lisbonne, souligne que les sujets tendent encore souvent « à rationaliser inconsciemment leurs attitudes irrationnelles »[149]. En conservant la dichotomie établie par Kahneman, il présente les illusions cognitives en deux groupes : les biais de motivation induits par le processus émotionnel et les biais cognitifs. Cette distinction est intéressante puisqu'il met en lumière la double dimension de l'acte de juger en différenciant les biais qui se rattachent à l'émotion de ceux qui se rapportent à l'analyse[150]. Mais, le dialogue entre les affects et la rationalité est parfois complexe à tel point que certains cherchent à les assimiler d'une manière ou d'une autre pour que la prise de décision soit réduite à un seul facteur. Si les émotions ont une origine rationnelle, la dimension émotionnelle disparaît et *vice versa.*

Globalement, outre ces deux pôles principaux, les biais se classent en sous-catégories (biais mnésique, biais de raisonnement, biais de jugement, biais de personnalité…) elles-mêmes pouvant à nouveau être subdivisées (effet de récence, biais de dissonance cognitive…). Plus précisément, les biais émotionnels peuvent être individuels ou collectifs c'est-à-dire provenir de l'individu ou être causés par un effet de groupe. Selon Baron, le plus connu des biais émotionnels

---

148 *Ibidem*

149 CORREIA V., *loc. cit.*

150 LARRIEU P., *Neurosciences et droit pénal…, op. cit.*, p. 85

individuels est « le biais d'autocomplaisance »[151] qui peut se définir comme une mise en valeur de sa personne, la tendance au narcissisme étant considérée comme inhérente à l'Homme. Le « biais de confirmation » est, quant à lui, la prédisposition à négliger les informations que l'on pense fausses et à privilégier celles que l'on croit vraies. Enfin, il y a également un effet qui consiste à se laisser influencer par sa première impression. Il est dénommé « biais d'ancrage »[152]. Or, la première impression est parfois empreinte de partialité, qui, si elle n'est pas extériorisée ne pourra pas, ou peu, servir de preuve pour la récusation d'un juge ou pour favoriser la volonté de récuser un juré.

Par ailleurs, la découverte des neurones miroirs par Giacomo Rizzolati dans les années 1990 est qualifiée de monumentale pour les neurosciences cognitives. Ils sont appelés « miroirs » puisqu'ils s'activent aussi bien lorsque l'action est réalisée par autrui ou par soi-même. Autrement dit, ces neurones ont un rôle sur la cognition sociale. Pour comprendre l'action que quelqu'un est en train de réaliser, l'observateur active ses propres neurones moteurs qui seraient sollicités pour réaliser la même action. Ces neurones servent donc à projeter une représentation de l'action[153]. Ils impliquent une tendance au conformisme qu'il est intéressant d'analyser en droit, notamment sur le processus de décision. En ce sens, le vote à bulletin secret lors de la délibération en Cour d'Assises est judicieux. En effet, en admettant que la plupart des jurés souffrent de partialité, ceux dits impartiaux ne seront pas tentés de céder au conformisme. Il s'agit là d'un cas d'école.

---

151 MILLER D., ROSS M., « Self-serving bases in attribution of causality : fact or fiction ? », *Psychological bulletin*, n° 2, 1985, p. 212

152 KAHNEMAN D., TVERSKY A., Judgement under uncertainly : heuristics and biases, *Science*, 1994, vol. 185, n° 4157, p. 1124-1236

153 RIZZOLATTI G., SINIGALIA S., *Les neurones miroirs*, Paris, Odile Jacob, 2008, p. 12

Plus récemment, Elizabeth Phelps, professeur de psychologie à New York, a étudié les réactions cérébrales de plusieurs personnes dans le but de déceler une tendance au racisme[154]. Elle a utilisé le test psychologique de l'association implicite qui consiste, en l'espèce, à demander aux personnes testées d'attribuer un adjectif caractéristique d'un jugement de valeur en fonction de chaque visage proposé (caucasien, noir, asiatique…). La neuroimagerie fonctionnelle a permis de mettre en évidence que les sujets qui mettaient le plus de temps à associer un adjectif positif à une personne de couleur de peau différente de la leur avaient une activité cérébrale plus élevée au niveau de l'amygdale. Il s'agirait alors d'une nouvelle catégorie de biais cognitifs, le « biais ethnique » appartenant au groupe des « biais de partialité ». Dès lors, les neurosciences laissent entrevoir la possibilité de déceler la partialité dans le cerveau ce qui redonnerait au concept d'impartialité une dimension plus tangible et concrète bien qu'elle soit contestable[155]. Les applications des neurosciences pourraient venir soutenir le dispositif déjà existant en matière d'impartialité notamment par une détection censée être plus objective.

B. Les neurosciences au service de la prévention de la partialité dans le procès pénal

L'intime conviction est le fondement même de l'acte de juger en droit pénal[156]. L'article 427 du Code de procédure pénale énonce que « le juge décide d'après son intime conviction ». L'article 353 du même code pose le même principe pour les jurés d'Assises. La loi ménage donc une place à la subjectivité dans les décisions en matière pénale, exception faite de la partialité. Or, comme il a déjà été

---

154 PHELPS E. et al., « Performance on indirect measures of race evaluation predicts amygdalya activity », *Journal of Cognitive Neurosciences*, 2000, n° 12

155 Voir en ce sens partie 2

156 LARRIEU P., *Neurosciences et droit pénal…, op. cit.*, p. 87

évoqué plus haut, prouver l'impartialité personnelle ou subjective d'un magistrat n'est pas chose aisée. En l'absence d'extériorisation du préjugé, rien ne permet de déceler la tendance à la partialité. Grâce aux récentes découvertes qui viennent d'être sommairement présentées, couplées à l'utilisation de l'imagerie cérébrale fonctionnelle, l'obstacle du for intérieur n'apparaît plus dirimant. Lorsque d'autres expériences auront été réalisées permettant d'établir un canevas des biais de partialité, une sélection des juges et des jurés pourrait être réalisée sur ce mode. Deux possibilités se dessinent. Utiliser la neuroimagerie de manière préventive sur la totalité des magistrats et jurés (lors d'un procès devant la Cour d'Assises) pour déceler les biais de partialité de manière automatique. Ce processus de détection à l'aveugle est certainement beaucoup trop abusif puisqu'il reviendrait à jeter un voile de suspicion généralisé sur la justice. Une alternative plus raisonnable serait de se servir de l'imagerie cérébrale fonctionnelle uniquement pour apporter la preuve de partialité d'un magistrat dans le cas où une partie aurait un doute. Cela faciliterait la preuve et diminuerait le risque qu'un jugement ou un arrêt soient rendus de façon impartiale garantissant plus largement le droit à un procès juste et équitable[157]. *A contrario*, si aucune preuve tirée de l'imagerie cérébrale ne révèle de biais de partialité, le juge ne sera pas récusé. Le risque d'erreurs s'évalue dans les deux sens.

La sélection des juges et des jurés n'est pas le seul point sur lequel les neurosciences peuvent offrir un éclaircissement. En effet, elles pourraient conforter les nombreuses études menées sur les missions du juge d'instruction, dont le statut fait l'objet de nombreuses critiques et dont la suppression avait été envisagée par l'ancien Président Nicolas Sarkozy en 2008. Ses pouvoirs ont

157 Article 6§1 de la CEDH et article préliminaire du CPP

été réduits par la loi du 5 mars 2007[158]. Le point de convergence de ces critiques est de savoir si une affaire peut être menée à charge et à décharge par une seule et même personne. Serait-ce un cas d'incompatibilité fonctionnelle ? L'affaire d'Outreau est une parfaite illustration du biais de confirmation[159] mais est-ce pour autant dire que le juge agissait sous le filtre de la partialité ? La neuroimagerie pourrait être utilisée pour savoir si, dans différents cas, le fait de devoir instruire à charge et à décharge a une influence sur le cerveau et provoque des pré-jugements de culpabilité.

Aussi, il faut faire mention des études réalisées outre-Atlantique qui analysent l'impact de la médiatisation de certaines affaires et la réaction de l'opinion publique sur les jugements en matière judiciaire[160]. Même si les jurés ont le sentiment d'être impartiaux, ceux qui ont reçu des informations par voie médiatique préconisent des peines plus lourdes et considèrent l'accusé de manière plus négative que ceux qui n'auront aucune connaissance audiovisuelle de l'affaire. Malgré leur impression d'impartialité, leurs décisions sont biaisées et par conséquent teintées d'une certaine partialité. Les magistrats professionnels ne font pas exception à ce phénomène même si leur éthique de distanciation le rend moins virulent[161]. Il est donc indispensable de prévenir ces effets nocifs en régulant l'information véhiculée par les médias, pour garantir à la fois la présomption d'innocence et l'impartialité. Sur ce point, les neurosciences n'apportent rien de nouveau puisque plusieurs

---

158 Loi n° 2007-297 du 5 mars 2007 relative à la prévention de la délinquance, JORF n° 0056, 7 mars 2007, p. 4297

159 LARRIEU P., *Neurosciences et droit pénal..., op. cit.*, p. 89

160 STEBLAY N.M. et al., « The effect of pre-trial publicity on jurors verdicts : a meta-analitic review », *Law and Human behavior,* 1999, p. 219

161 LARRIEU P., *op. cit.* p. 90 et s.

dispositions du Code pénal, telles que le secret de la phase préparatoire du procès[162], existent déjà.

Dans une autre optique, les neurosciences pourraient aussi avoir une influence négative sur l'impartialité en biaisant malgré elles les décisions... Les photographies peuvent infléchir les décisions des juges et des jurés[163]. En effet, une étude menée sur trois cents étudiants en Droit devant se prononcer sur la culpabilité d'un prévenu en fonction de différentes preuves a montré que la preuve neuroscientifique rendait vraisemblable les argumentations même les plus rocambolesques et infondées. Ce qui démontre le pouvoir de fascination que les neurosciences exercent sur l'opinion publique et le crédit qui est octroyé (à tort) à ce type de preuve[164].

Il est vrai que dans les hypothèses décrites, plus que l'impartialité, c'est la décision qui souffre de biais. Mais, un biais de jugement a nécessairement une influence sur la partialité ou l'impartialité subjective de celui qui juge. C'est pourquoi, outre l'utilisation des neurosciences, prévenir l'impartialité passe par une prise de conscience de l'existence de ces biais qui n'est possible que par l'information. Face à la décision, les neurosciences ne serviraient pas qu'à révéler les biais cognitifs et les anticiper, elles pourraient également éclairer et contribuer à soutenir la prise de décision elle-même.

---

162 Art. 11 al. 1 du CPP

163 LARRIEU P., *op. cit.*, p.92

164 OULLIER O., « Délibérations au tribunal : jugements, décisions, biais et influences », *in Arch. philo. du droit*, t55, 2012, p. 270

Chapitre 2. Les neurosciences, nouvel adjuvant de la prise de décision

Mieux comprendre le cerveau c'est aussi mieux juger et permettre une meilleure application de l'irresponsabilité pénale (Section 1) et de la personnalisation de la peine (Section 2).

Section 1. Les neurosciences, un nouvel outil dans le cadre de l'irresponsabilité pénale

Face aux problèmes suscités par l'expertise psychiatrique dans le cadre de l'évaluation de la responsabilité (§ 1), l'imagerie cérébrale pourrait à terme devenir un incontournable en la matière (§ 2).

§ 1. La remise en question de l'efficacité de l'expertise psychiatrique actuelle

Après avoir analysé et exposé le mécanisme de l'irresponsabilité pénale en droit français (A), il faudra constater que l'expertise ne répond pas de manière suffisante aux exigences posées (B).

A. Le mécanisme de l'irresponsabilité pour trouble mental

En droit pénal français, une infraction se compose de l'élément matériel, de l'élément moral et d'une base légale qui peut s'envisager comme une condition préalable plutôt que comme un troisième élément[165]. C'est uniquement lorsqu'il y a réunion de ces trois composantes que l'infraction sera consommée. Pour autant, pour qu'une infraction puisse être reprochée à son auteur, il faut qu'il en soit pénalement responsable. Pour être responsable, il faut que les faits puissent être imputables à la personne concernée, qu'elle ait commis une faute qui donne la coloration morale à l'infraction et qu'aucun fait justificatif ne puisse être invoqué. Pour qu'une infraction soit imputable à son auteur, encore faut-il qu'il ait compris et voulu l'acte, qu'il ait agi avec intelligence et volonté[166]. Autrement dit, l'auteur doit faire preuve de discernement et de liberté. Les causes de non-imputabilité sont donc l'irresponsabilité de l'*infans*[167], la contrainte[168] et la maladie mentale[169].

L'attitude du droit pénal face à la maladie mentale a beaucoup changé. L'évolution s'est réalisée de manière corrélative à la perception du malade mental par la société. Au Moyen-Age, la maladie mentale était synonyme de possession démoniaque, les fous étaient punis plus sévèrement que les personnes saines d'esprit. Il a fallu attendre la moitié du XVIIIe siècle avec l'intervention des aliénistes Philippe Pinel et Jean-Etienne Esquirol pour que la « folie » soit perçue comme une maladie. C'est le Code pénal de 1810 qui a, pour la première fois, posé le principe de l'irresponsabilité des « démens » dans son article 64. Ce texte, bien que novateur, était imparfait. Il laissait entendre que la maladie mentale était une cause objective de disparition de l'infraction, ce qui n'était pas le cas[170] et ne visait que la

---

165 HENRY-ROBERT J., « L'histoire des éléments de l'infraction, *RSC*, 1977, p. 269

166 Cass. Crim., *Laboub*, 13 déc. 1956, n° 55-05772

167 Article 122-8 du C.pén, a contrario

168 Article 122-3 du C.pén.

169 Article 122-1 du C.pén.

170 Par la formule « il n'y a ni crime ni délit »

démence qui a un sens très étroit en psychiatrie[171]. Il fonctionnait sur un système binaire : responsabilité – irresponsabilité. C'est la circulaire Chaumié du 12 décembre 1905 qui réglait le sort des « demis-fous » en leur octroyant des circonstances atténuantes.

Le Code pénal de 1992[172], a conservé le mécanisme du Code napoléonien en essayant de résoudre les difficultés qu'il pouvait poser. L'article 122-1 du Code pénal se divise en deux alinéas qui concernent « les troubles psychiques ou neuropsychiques ayant aboli [le] discernement » et ceux qui ont « altéré le discernement ou entravé le contrôle des actes ». Dans tous les cas, il faut que le trouble ait existé au moment des faits. Parmi ces troubles on retrouve les altérations graves et habituelles des facultés mentales de façon acquise ou congénitale, les maladies de la volonté et du psychisme, les troubles occasionnels autrefois appelés états voisins de la démence[173]. Dans tous les cas, le trouble doit exister au temps de l'action. Si le discernement est aboli, l'individu sera déclaré irresponsable. Théoriquement, il ne relève pas de la peine mais du soin. Avant 2008, le malade sortait du champ pénal et entrait dans le champ administratif par la voie de l'internement administratif en hôpital psychiatrique. Depuis 2008[174], un simulacre de procès pour la victime est mis en place : il s'agit d'imputer objectivement les faits au malade mental lors d'un débat contradictoire qui débouche sur une déclaration officielle d'irresponsabilité pénale pour cause de trouble mental[175].

---

171 CROCQ M.A, American Psychiatric Association et al., *DSM-V Manuel diagnostique et statistique des troubles mentaux*, 5e éd., Elsevier Masson, 2015

172 Entré en vigueur le 1er mars 1994

173 BONIS-GARCON E., « Troubles psychiques, malades mentaux », *Répertoire pénal Dalloz*, octobre 2013, p. 154

174 Loi n° 2008-174 du 25 février 2008 relative à la rétention de sûreté et à la déclaration d'irresponsabilité pénale pour cause de trouble mental, JORF n° 0048, 26 fév. 2008, p. 3266

175 Articles 706-119 à 706-140 du CPP

Par opposition, l'altération du discernement ne conduit pas à une irresponsabilité totale mais à une responsabilité partielle puisque l'élément moral nécessaire à la caractérisation de l'infraction ne fait pas totalement défaut[176]. Avant 2014 et l'adoption de la loi dite Taubira[177], la rédaction du texte était ambiguë. Il énonçait seulement que la juridiction devait « [tenir] compte de cette circonstance » pour déterminer la peine et en fixer le régime. Or, la lecture de cet alinéa pouvait être double : augmenter ou réduire le quantum de la peine. Les juridictions avaient d'ailleurs tendance à punir plus sévèrement les malades mentaux, largement stigmatisés dans notre société. La loi Taubira a réagi à ce phénomène pour essayer de le limiter en adoptant une rédaction plus claire de l'article et soucieuse du devenir de la personne malade. Une cause légale de diminution de peine a été introduite. Si une peine privative de liberté est encourue, elle doit être réduite du tiers[178] ou être ramenée à trente ans si c'est la détention ou la rétention criminelle à perpétuité qui est encourue. De plus, la juridiction doit s'assurer que la peine prononcée « permette que le condamné fasse l'objet de soins adaptés à son état »[179].

Le trouble psychique ou neuropsychique doit être prouvé, il n'est pas présumé. L'appréciation est une question de fait. La détection du trouble mental se fait souvent à l'occasion de l'expertise psychiatrique pré-sentencielle. En principe, l'expertise est facultative, ce n'est que dans des cas précis que la loi lui confère un caractère obligatoire en s'appuyant, notamment, sur la classification tripartite des infractions : crime, délit et contravention. En vertu de

176 Article 121-3 du C.pén.

177 Loi n° 2014-896 du 15 août 2014 relative à l'individualisation des peines et renforçant l'efficacité des sanctions pénales, JORF n° 0189, 17 août 2014, p. 13647

178 Sauf décision spécialement motivée en matière correctionnelle

179 Article 122-1 al. 2 du C.pén.

l'alinéa 3 de l'article 706-47-1 du Code de procédure pénale, « les personnes poursuivies pour l'une des infractions mentionnées à l'article 706-47 [...] doivent être soumises à une expertise médicale ». Il s'agit de toutes les infractions pour lesquelles une injonction de soins est encourue à savoir les crimes considérés comme les plus graves et les infractions présentant un caractère sexuel. L'expertise peut être ordonnée au stade de l'enquête par le procureur de la République[180], sinon c'est au juge d'instruction ou la juridiction de jugement de la demander[181]. Selon l'article 706-115 du Code de procédure pénale, l'expertise psychiatrique est également obligatoire préalablement à la poursuite, à l'instruction et au jugement d'un majeur protégé. Il faut noter qu'en pratique si l'expertise est systématique en matière criminelle, elle n'est que rarement ordonnée en matière correctionnelle où le juge a une liberté d'appréciation quant à son opportunité[182]. Actuellement, cette expertise, est pointée du doigt en raison de ses prétendues faiblesses.

B. La crise de l'expertise pré-sentiencielle

L'expertise psychiatrique pré-sentencielle se déroule avant la phase de jugement. Il s'agit d'un examen médico-psychologique réalisé par un médecin psychiatre choisi par le magistrat[183]. Cet examen est essentiel dans la mesure où le sort de la personne examinée en dépend. En effet, comme nous l'avons dit, le juge a tendance à se conformer strictement aux décisions de l'expert. D'ailleurs pour faire écho aux propos précédents, il s'agirait là d'un biais cognitif. Il faut nuancer cette affirmation puisque les experts ont vocation à éclairer le juge sur des questions techniques qu'ils ne maîtrisent pas. Mais, face à un tel constat, il n'est pas

180 Art. 706-47-1 al. 3 du CPP

181 Art. 156 et s. du CPP

182 Crim. 23 oct. 1931, Bull. Crim. n° 236

183 Articles 156 et s. du C.pén.

anormal de se demander si l'avis de l'expert ne se substitue pas progressivement à celui du juge[184]... Quoi qu'il en soit, l'expertise occupe un rôle central dans la procédure pénale, c'est pourquoi elle est sous le feu des critiques. Pour les comprendre, il faut entrer dans les coulisses de cette activité particulière.

Le diagnostic de la maladie mentale se fait, le plus souvent, par la réalisation d'un examen clinique[185] c'est-à-dire un examen qui se pratique directement sur le malade sans recourir à des techniques perfectionnées de laboratoire[186]. Le psychiatre procède à une anamnèse, il retrace les antécédents médicaux et personnels de la personne soumise à son examen. Puis, à travers les symptômes, il pose un diagnostic. La première difficulté se situe à ce niveau. En effet, il s'agit d'une opération délicate sujette à interprétation. Or, les psychiatres sont issus de formations différentes (analytique, lacanienne, psychothérapeutique…). Même s'ils disposent d'un outil de travail commun pour orienter leur analyse[187], ils ne s'entendent pas toujours, et c'est un euphémisme, sur le diagnostic. Cela conduit à des divergences dans les rapports d'expertises qui auront, *a fortiori*, un retentissement au stade du jugement. Il est à noter que certaines maladies mentales passent le filtre de l'expertise sans poser de problème. Une justice à plusieurs niveaux se dessine en fonction de l'expert désigné[188]... C'est donc la qualité et la fiabilité des expertises qui sont remises en question surtout depuis l'affaire

---

184 BYK C., « Neurosciences et ... », *loc. cit.*

185 DAVID M., *L'expertise psychiatrique pénale*, Paris, L'Harmattan, 2006, p. 137

186 http://www.vulgaris-medical.com/encyclopedie-medicale/examen-clinique

187 CROCQ M.A, *op.cit.*, p. 241

188 BYK C., « Justice et expertise scientifique : un dialogue organisé dont il faut renouveler les fondements », *in* Centre d'analyse stratégique, Séminaire du 11 sept. 2012, Document de travail no2012-07, *Le cerveau et la loi : analyse de l'émergence du neurodroit*, p.153

d'Outreau qui a largement contribué à la décrédibilisation des experts.

Aussi, un autre reproche touche les experts psychiatres. Tantôt blâmés pour leur trop grande complaisance et leur tendance à conclure à un trop grand nombre d'irresponsabilités, ils se font également admonester lorsqu'ils font preuve de plus de sévérité. Il est vrai qu'aujourd'hui la France, comme beaucoup d'autres pays, est confrontée à la surreprésentation des malades mentaux en milieu carcéral[189], ce qui pose de sérieuses difficultés. Théoriquement, c'est l'expertise qui a un rôle de régulateur entre l'hôpital et la prison. Même si une offre de soins est de plus en plus diversifiée dans les prisons[190] elle ne résout pas le problème, elle le masque et a même tendance à l'aggraver. Plus il y a de structures permettant la prise en charge des malades mentaux en prison, moins les experts et les juges auront de scrupules à conclure à une responsabilité, même partielle. Avant 2014, le choix des experts entre altération et abolition du discernement était crucial en raison de la double lecture du deuxième alinéa de l'article 122-1 du Code pénal. Leur tendance à opter pour l'altération couplée avec la sévérité des juges à l'égard des malades mentaux n'a cessé de faire enfler le phénomène. Cependant, il ne faut pas blâmer outre mesure les experts psychiatres, ils ne sont pas seuls responsables de cette situation préoccupante. La désinstitutionnalisation de la psychiatrie, l'abandon du principe « hospitalocentrique » pour celui d'une prise en charge « hors les murs »[191], les faibles places disponibles dans les Unités pour Malades difficiles compromettent l'accueil des malades mentaux délinquants. Ces contraintes

189 DUBURCQ A. et al., *Enquête de prévalence sur les troubles psychiatriques en milieu carcéral (phase 1 de l'étude épidémiologique)*, Étude pour le ministère de la Santé et le ministère de la Justice, décembre 2004

190 Notamment avec l'apparition des UHSA

191 Loi n° 85-1468 du 31 décembre 1985 relative à la sectorisation de la psychiatrie, JORF, 1er janv. 1986

extérieures influencent de manière considérable le choix des experts en faisant peser sur eux une véritable obligation de fait.

Enfin, l'expert occupe une position paradoxale. Alors que ses missions ne cessent d'augmenter, les moyens matériels qui lui sont alloués ne sont pas revus à la hausse[192]. Il est faiblement rémunéré ce qui n'incite pas à la conscience professionnelle de certains qui négligent ces dossiers et font preuve d'une trop grande célérité pour élaborer leur rapport. Dans un contexte où la justice fait preuve d'une trop grande lenteur, cela pourrait paraître bénéfique mais il n'en est rien. Établir un diagnostic de maladie mentale est un exercice complexe qui demande du temps et de la réflexion. L'expertise mentale est « un acte clinique important, utile et noble dans sa finalité » qu'il convient de revaloriser[193]. Depuis peu, les neurosciences ont fait irruption au sein de cette expertise, ce qui permettra peut-être de pallier toutes ces difficultés et d'aboutir à un meilleur équilibre psychiatrie-justice.

§ 2. Le recours à l'imagerie cérébrale dans le cadre des expertises

Depuis 2011, le recours à la neuroimagerie dans les expertises est légalement autorisé (A) puisqu'il semble présenter des avantages indéniables (B).

A. Le cadre légal du recours à l'expertise neuroscientifique

Une analyse comparée entre le droit français et le droit applicable aux États-Unis est ici nécessaire. En effet, le fait

---

192 LARRIEU P., *Neurosciences et droit pénal..., op. cit.*, p.150

193 BOUCHARD J.P., « Réformer l'expertise psychologique et l'expertise psychiatrique : une impérieuse nécessité pour la justice », *Le Journal des psychologues*, vol. 238, n° 5, 2006, p. 30-33

que les données issues des neurosciences soient utilisées par la défense a été constaté pour la première fois aux États-Unis dans les années 1980[194]. En 1978, les résultats d'un scanner cérébral avaient pourtant été rejetés par une Cour d'appel dans l'affaire *United States vs Erskine*[195]. Corrélativement au développement des neurosciences, les juridictions américaines ont infléchi leur position et ont admis la recevabilité des examens neuroscientifiques. Depuis, la présentation de clichés issus des neurosciences en vue de plaider l'irresponsabilité ou la responsabilité partielle n'a cessé de croître aux États-Unis. Pour preuve, en mars 2012, six cent quatorze cas de tests d'imagerie cérébrale ont été utilisés à ces fins devant les juridictions américaines[196].

C'est d'abord la neuroimagerie structurelle qui a été utilisée pour prouver l'irresponsabilité. L'affaire emblématique date de 1982. Il s'agit du cas *United States vs Hinckley*[197]. Il s'agissait de l'affaire de la tentative d'assassinat du Président Ronald Reagan. L'accusé avait produit en justice les résultats d'un scanner démontrant une atrophie du cerveau laissant penser à un possible diagnostic de schizophrénie. Ensuite, ce sont les techniques d'imagerie cérébrale plus récentes qui ont fait leur apparition dans les prétoires : l'EEG[198], le PET[199], l'IRMf et enfin la TEMP. Ces techniques sont admises à différentes étapes du procès devant les tribunaux américains mais c'est réellement dans les cas de demandes d'irresponsabilité appelées « *mitigation claim* »[200], dans des affaires où la peine de mort était

194 LARRIEU P., *Neurosciences et droit pénal..., op. cit.*, p. 101

195 *US vs Erskine*, Courts of appeals, n° 78-1842 (1978)

196 OPESCT, *L'impact et les enjeux des nouvelles technologies d'exploration et de thérapie du cerveau*, Rapport d'information n° 476, déposé le 13 mars 2012, par A. CLAEYS et JB. VIALATTE, Paris, ed. Assemblée nationale-Sénat

197 *United States vs Hinckley, loc. cit.*

198 *People vs Musselwhite*, 945 P. 2d 475, Cal. (1998)

199 *US vs Gigante*, 166 F. 3d 75 (1997)

200 LARRIEU P., *op. cit.*, p. 103

encourue que ce moyen de preuve a démontré toute l'étendue de son efficacité[201].

En Europe, les neurosciences font leur apparition progressive dans les tribunaux. Le pays précurseur d'une neurojurisprudence sur la question est l'Italie dans deux affaires emblématiques : le cas Albertani, une jeune meurtrière jugée par la Cour de Côme en 2011 et un cas de pédophilie acquise dont a eu à connaître la Cour d'appel de Venise en 2012[202]. Dans le premier cas, la peine de l'accusée a été réduite à vingt ans après présentation d'un résultat d'examen d'imagerie cérébrale anatomique et d'un test génétique. Dans le deuxième cas, le moyen de défense n'a pas prospéré puisque le juge a conclu que la pédophilie était un trouble de la personnalité et pas une maladie mentale. En Norvège, dans la retentissante affaire *Anders Breiveik*, le recours à la neuroimagerie a aussi été envisagé pour déceler une éventuelle lésion susceptible d'entraîner l'irresponsabilité de ce terroriste d'extrême droite ayant assassiné soixante-dix-sept personnes. Finalement, elle n'a pas été utilisée[203].

La France est le premier pays à avoir expressément autorisé le recours à l'imagerie cérébrale dans la loi du 7 juillet 2011. L'article 16-14 du Code civil dispose en effet que :

> « Les techniques d'imagerie cérébrale ne peuvent être employées qu'à des fins médicales ou de recherche scientifique, ou dans le cadre d'expertises judiciaires. Le consentement exprès de la personne doit être recueilli

---

201 *People vs Weinstein*, Supreme Court, 591 N.Y.S. 2D 715 (1992)

202 FARANO A., « Percorsi della responsabilià : le neuroscienze cambiano tutto o niente ? », *Scienze Giuridiche, Scienze Cognitive e Intelligenza artificiale*, n° 18, 2013

203 BIANCHINI L., « L'affaire Breivik et le poids des neurosciences », *MyScienceWork* [en ligne], publié le 23 août 2012, consulté le 22 décembre 2016. URL : https://www.mysciencework.com/omniscience/l-affaire-breivik-et-le-poids-des-neurosciences

par écrit préalablement à la réalisation de l'examen, après qu'elle a été dûment informée de sa nature et de sa finalité. Le consentement mentionne la finalité de l'examen. Il est révocable sans forme et à tout moment. »

L'expertise judiciaire comprend bien évidemment l'expertise pénale. Cependant, pour qu'une telle expertise puisse être envisagée, il faut que l'accusé y consente de manière expresse. Si le législateur n'a pas suivi les recommandations des Institutions consultées préalablement à l'adoption de la loi et n'a pas décidé de laisser les neurosciences sur le pas de la porte du tribunal, c'est uniquement dans le but de rendre possible cette expertise d'un genre nouveau. Cela transparaît d'ailleurs à travers les travaux parlementaires dans lesquels le législateur souhaite :

> « [ménager une exception] pour l'usage de ces travaux en justice qui pourraient être admis s'ils visent à objectiver un préjudice au niveau du cerveau pour évaluer la responsabilité d'un auteur sur le fondement de l'article 122-1 du Code pénal »[204].

Ainsi, une meilleure application de l'article 122-1 du Code pénal serait rendue possible par le biais de l'expertise neuroscientifique.

L'adoption de la loi de 2011 ne change rien quant à la possibilité ou non de recourir à l'expertise pré-sentencielle. La décision d'ordonner l'expertise est toujours laissée à l'appréciation du juge[205]. Elle n'est pas systématisée, pour preuve, aucune irresponsabilité n'a encore été déclarée sur ce fondement en France bien qu'une querelle entre experts psychiatres et neuropsychiatres ait pu éclater suite à l'affaire Sébastien Culas jugée en 2014 par la Cour d'Assises de

---

204 BUFFET F.N., *Avis au nom de la commission des lois constitutionnelles sur le projet de loi relatif à la bioéthique*, n° 381 enregistré à la Présidence du Sénat le 29 mars 2011

205 Articles 156 et s. du CPP

Lyon[206]. La neuro-expertise sert uniquement à renforcer l'expertise clinique existante à laquelle elle ne s'y substitue pas, bien qu'elle puisse en avoir le potentiel.

B. Les atouts d'une expertise d'un nouveau genre

Le médecin psychiatre n'est plus le seul maître en la demeure de l'expertise pré-sentencielle. Il peut maintenant être accompagné du neuroscientifique responsable de l'examen d'imagerie cérébrale et de son interprétation. Nous l'avons vu, c'est principalement l'imagerie cérébrale anatomique qui est utilisée pour déceler les lésions pouvant entraîner une abolition ou une altération du discernement. En effet, il n'est pas rare qu'une lésion cérébrale comme une tumeur ou une anomalie de développement soit à la source d'un comportement criminel. Le cas *Charles Whitman* aux États-Unis a permis de mettre en lumière ce phénomène[207]. Ce jeune homme de 25 ans, après avoir tué de sang-froid treize personnes et en avoir blessé treize autres a subi une autopsie du cerveau. Le plus frappant est qu'il avait lui-même laissé des instructions *ante-mortem* en demandant la réalisation de cet examen après avoir constaté que son comportement avait changé. Dans le compte-rendu d'autopsie, il était indiqué qu'il souffrait d'un glioblastome[208]. Cette tumeur lui compressait le thalamus et empiétait sur l'hypothalamus avec compression de l'amygdale. Cette zone joue un rôle dans la régulation des émotions, une lésion à ce niveau peut entraîner des réactions explosives et une absence

---

206 LE PROGRES, « Monsieur le juge, ce n'est pas lui c'est son cerveau ! » , *Le Progrès* [en ligne], publié le 8 juin 2014, consulté le 3 décembre 2016. URL: http://www.leprogres.fr/rhone/2014/06/08/monsieur-le-juge-ce-n-est-pas-lui-c-est-son-cerveau

207 EAGLEMAN D., « Pourquoi les sciences du cerveau peuvent éclairer le droit ? », *in* Centre d'analyse stratégique, Séminaire du 11 sept. 2012, Document de travail n° 2012-07, *Le cerveau et la loi : analyse de l'émergence du neurodroit*, p. 34

208 *Ibid.* p. 35

de peur. De même, une atteinte au niveau du lobe frontal peut entraîner une perte totale d'inhibition pouvant conduire à des comportements déviants et pénalement répréhensibles tels que l'exhibition sexuelle[209].

Par ailleurs des changements neurochimiques, même minimes, peuvent entraîner des changements dans le comportement. La neurobiologie est utile pour les mettre en lumière. De nombreux cas ont été recensés à la suite de traitement de la maladie de Parkinson avec un médicament appelé « pramipexole »[210] qui est un antagoniste dopaminergique. En cas d'erreur sur le dosage, des troubles comportementaux peuvent survenir : jeu pathologique, achat compulsif, hypersexualité…[211] Ces comportements peuvent être à la source de la réalisation d'infractions pénales. Dans ce cas, et dans le cadre d'un trouble neuropsychique, un expert en neurosciences est peut-être mieux placé qu'un psychiatre pour évaluer le degré de responsabilité.

L'expertise réalisée par le biais de l'imagerie médicale permet de pallier les difficultés d'une expertise clinique. En effet, le préjudice est objectivé et ne repose pas sur une analyse subjective. Elle peut paraître plus précise et plus rigoureuse et évite les distorsions de décisions au sein de la communauté expertale sur un même cas. Il y aurait donc moins de risques d'erreurs et l'expertise réintégrerait son rôle d'interface et de régulateur entre l'hôpital et la prison. Il deviendrait alors possible d'espérer que plus de cas d'irresponsabilité soient prononcés, enrayant alors le processus de pénalisation massive des malades mentaux. En outre, une détection précoce devient possible ce qui donne la possibilité de repérer une maladie mentale qui aurait passé

---

209 Art. 222-32 du CP

210 MORICEAU A., « Les troubles comportementaux dans le cadre des traitements antiparkinsoniens et le droit », *in* LARRIEU P., ROULLET B., GAVAGHAN C. (sous la dir. de), *op. cit.*, p. 142

211 EAGLEMAN D., *op. cit.*, p. 42

le filtre du diagnostic clinique. Par exemple, la schizophrénie nécessite bien une période d'environ six mois pour poser un diagnostic fiable. En observant directement la structure cérébrale, il est possible de repérer les anomalies architecturales caractéristiques de la maladie. Cela facilite l'orientation du diagnostic et par conséquent, l'évaluation de la responsabilité.

Cependant, même si les apports des nouvelles technologies en matière cérébrale sont louables et peuvent venir conforter l'expertise, il ne faut pas non plus être trop optimiste et imaginer que les neurosciences vont anéantir toutes les critiques dont souffre l'expertise pré-sentencielle. La neuroimagerie ne résout pas tous les problèmes périphériques. Même si le diagnostic est plus précis, la difficulté liée à l'accueil des malades mentaux délinquants dans les structures sanitaires adaptées n'est pas résolue. Cette situation freine et continuera de freiner le prononcé d'irresponsabilités entraînant un véritable *statu quo* et une désillusion face aux attentes suscitées par l'adoption de l'article 16-14 du Code civil.

Dans une autre optique, il convient de s'attarder un instant sur l'affaire *Roper vs Simmons* de 2005 jugée par la Cour Suprême des États-Unis[212]. Dans ce cas, la preuve par neuroimagerie a été utilisée dans l'espoir de voir atténuée la responsabilité d'un mineur encourant la peine de mort. Il est intéressant de voir comment cette preuve a eu un impact sur l'intégralité du système pénal de ce pays. Grâce à la présentation des résultats de l'imagerie cérébrale, la Cour Suprême a déclaré que la condamnation à mort des mineurs était contraire à la Constitution américaine car leur degré de maturité intellectuelle, leur contrôle émotif et leur capacité à être responsables sont moindres par rapport à ceux des adultes[213]. Il est surprenant de voir qu'il a fallu attendre un

212 *Roper vs Simmons*, Supreme Court, 543 U.S.551 (2005)

213 BYK C., « Neurosciences et ... », *loc. cit.*

résultat basé sur les neurosciences pour que ce postulat soit admis renversant ainsi la jurisprudence *Stanford vs Kentucky*[214] et pour que la peine soit adaptée à l'âge du condamné. À travers cette affaire, on décèle le potentiel des neurosciences quant au rôle qu'elles peuvent jouer dans la personnalisation de la peine.

Section 2. Neurosciences, une utilisation au service de la personnalisation de la peine

Les neurosciences peuvent avoir un rôle à jouer dans le cadre de la sanction pénale (§ 1), mais peuvent également intervenir dans le domaine de la prévention à tel point qu'il serait possible de parler de méthodes « neuro-préventives » (§ 2).

§ 1. L'utilisation des neurosciences dans le cadre de la sanction pénale

En principe, il y a une dichotomie entre la peine et le soin (A) qui n'ont pas la même finalité et qui peuvent tous les deux être plus personnalisés en utilisant les applications des neurosciences (B).

A. Les neurosciences : adjuvant du choix entre la peine et le soin ?

Le Code pénal de 1992 a supprimé le mécanisme des circonstances atténuantes qui existait dans le Code pénal napoléonien de 1810. Par la même occasion, le système des minimums légaux a aussi été abandonné. Maintenant, le juge a un pouvoir de modulation dans le cadre de la personnalisation et de l'individualisation de la sanction pénale. Ce principe a une valeur constitutionnelle[215] et

214 *Stanford vs Kentucky*, Supreme Court, 492 U.S.361 (1989) : déclarait constitutionnelle la peine de mort à l'encontre des mineurs

215 Cons. Const., n° 2005520 DC, 2 juillet 2005

législative. Les réformes successives tentent toujours de renforcer ce principe cardinal. La plus aboutie étant celle de 2014, selon Jean Pradel, cette réforme « sublime le principe d'individualisation de la peine »[216].

La peine, définie dans son sens strict comme une « sanction punitive, qualifiée comme telle par le législateur et infligée par une juridiction répressive au nom de la société à l'auteur d'une infraction »[217], a pour fonction (en plus de la rétribution) de favoriser l'amendement, l'insertion et la réinsertion du condamné. Ces fonctions de la peine sont d'ailleurs expressément reconnues à l'article 130-1, 2° du Code pénal depuis la loi du 15 août 2014. La peine repose donc sur un équilibre difficile à mettre en place et dont le but est en réalité de trouver le dosage idéal entre punir et réinsérer pour *in fine* éviter la récidive. En ce sens, le soin ne peut pas être qualifié de peine. Selon Denis Salas, « assigner une finalité thérapeutique à la peine n'a pas plus de sens que de donner un sens punitif à la thérapie »[218]. Pourtant, il n'est pas rare que la peine convoque le soin, le droit de la peine étant marqué par un fort mouvement de médicalisation de la sanction. Le phénomène est tel que l'on peut parler d'une véritable « religion du soin »[219].

Il existe un panel de soins pouvant accompagner la peine, voire même la remplacer. La première obligation de soins remonte à 1954 et concernait des personnes alcooliques jugées dangereuses. En 1970, suite à la loi relative à la lutte contre la toxicomanie[220], une injonction

---

216 PRADEL J., « Un législateur bien imprudent : à propos de la loi n° 2014-896 du 15 août 2014 », *La Semaine Juridique Edition générale*, 15 septembre 2014, n° 38

217 GUINCHARD S., DEBARD T. (sous la dir. de), *op. cit.*, p. 666

218 Cité par CORNIER K., « Les soins pénalement ordonnés », *Les Tribunes de la santé*, vol. 17, n° 4, 2007, p. 87-95

219 LARRIEU P., *Neurosciences et droit pénal…, op. cit.*, p. 107

220 Article L3413-1 du CSP

thérapeutique a été mise en place à l'égard des personnes toxicomanes condamnées. C'est une obligation de soins contre remise de peine. Ces systèmes sont pour le moins assez hypocrites puisqu'ils reposent sur une négociation voire un chantage avec les personnes malades. De façon plus large, sans tenir compte d'une addiction particulière, le juge peut prononcer une obligation de soins dans le cadre d'un sursis avec mise à l'épreuve[221]. Depuis la loi Taubira de 2014, une obligation de soins peut être prononcée par le juge d'application des peines à l'issue de la détention d'une personne dont le discernement avait été altéré au moment des actes mais qui avait été reconnue partiellement responsable. Cette obligation peut s'étendre sur une durée maximale de cinq ans en matière correctionnelle et dix en matière de crime ou de délit puni de dix ans[222].

L'injonction de soins s'applique de manière beaucoup plus vaste puisqu'elle peut être prononcée dans le cadre d'un suivi socio-judiciaire[223] dont le domaine s'est progressivement étendu, mais aussi comme obligation accompagnant le sursis avec mise à l'épreuve, une liberté conditionnelle, une surveillance judiciaire ou une surveillance de sûreté. Depuis 2007[224], elle accompagne automatiquement le prononcé d'un suivi socio-judiciaire, sauf décision contraire et motivée du juge[225]. Pour une personne incarcérée mais également condamnée à un suivi socio-judiciaire avec injonction de soins, la thérapie peut débuter en milieu pénitentiaire[226], ce qui est souvent la condition *sine*

221 Article 136-45 du C. pén.

222 Article 706-136-1 du CPP

223 Articles 131-36-1 et 131-36-4 du C.pén.

224 Loi du 10 août 2007 renforçant la lutte contre la récidive n° 2007-1198, JORF n° 185, 11 août 2007, p. 13466

225 Créé en 1998

226 Article 131-36-4 du C.pén.

qua non pour obtenir des aménagements de peine[227]... Le milieu pénitentiaire sert donc de carcan à une mise en place d'une politique de la « carotte et du bâton ». Il est à noter que l'injonction de soins ne peut pas être prononcée sans le consentement de l'individu. Il s'agit en effet d'un traitement médical, or tout acte médical nécessite le consentement de la personne qui le subit[228]. Toutefois, il s'agit d'un consentement qui n'est pas libre et qui est conditionné par la menace d'un emprisonnement en cas de refus[229]. C'est à travers l'injonction de soins qu'on constate le mieux la regrettable confusion faite entre la peine et le soin... Le second devient l'accessoire automatique de la première.

Les neurosciences ne peuvent pas aider à résoudre ce problème de superposition[230]. Cependant, cette discipline pourrait aider à une meilleure orientation comme le pensent les députés à l'origine de la disposition autorisant le recours à la neuroimagerie dans les expertises judiciaires[231]. Mais, comme nous l'avons déjà remarqué, cela semble peu probable tant que les institutions psychiatriques ne seront pas aptes à les recevoir et que leur personnel ne sera pas suffisamment formé pour assurer cette mission. Les neurosciences sont donc un adjuvant limité pour ce qui est de cette perspective mais pourraient se révéler beaucoup plus utiles dans le cadre de la personnalisation à la fois de la peine mais surtout du soin pénalement ordonné. À défaut de déconnecter les notions, elles pourraient au moins les rendre plus adaptées au délinquant.

---

227 Sauf décision contraire du JAP : art. 717-1, 721-1 et 763-7 du CPP

228 Article L1111-4 al. 3 du CSP

229 Article 131-36-4 al. 1 du CP

230 LARRIEU P., *Neurosciences et droit pénal..., op. cit.*, p.111

231 CLAEYS A., VIALATTE J.B., *Rapport d'information no 107*, déposé le 20 nov. 2008 à l'Ass. Nat., Paris, éd. Assemblée nationale-Sénat

B. Les neurosciences : nouvel élément de personnalisation de la peine et du soin ?

Le seul point commun qu'entretiennent la peine et le soin réside dans le fait que l'un comme l'autre doivent être adaptés au délinquant ou au patient pour être efficaces. Autrement dit, les deux doivent être personnalisés. Les neurosciences offrent d'intéressantes perspectives dans ce domaine qui ne sont toutefois pas dénuées de limites[232].

Afin de personnaliser la peine de façon optimale, des études sont menées pour mesurer l'impact de la sanction sur le cerveau du délinquant[233]. Ces études utilisent la neuroimagerie et permettent de déceler quel type de sanction serait le plus adapté à tel individu en fonction des lésions et de l'activation de certaines zones de son cerveau. Cette perspective n'en est qu'au stade embryonnaire et il est trop tôt pour pouvoir émettre un avis sur l'opportunité de se baser sur les résultats obtenus.

Il convient de se focaliser sur un cas précis, qui déroute bien souvent le législateur et les psychiatres tant il est difficile de mettre en place des solutions adaptées pour réinsérer ces personnes. Il s'agit du cas des psychopathes également appelés sociopathes. Il ne s'agit pas de malades mentaux mais de « malades sociaux ». Il est extrêmement difficile de mettre en place des solutions satisfaisantes pour accompagner un psychopathe délinquant sur le chemin de la désistance. Pour l'heure, aucune thérapie ne porte ses fruits[234]. En ce qui les concerne, la peine n'a aucun impact dissuasif et les prises en charge via la psychologie cognitive sont inefficaces et leur serviraient même à manipuler les

---

232 Ce point sera détaillé dans la partie 2

233 OULLIER O., « Le neurodroit en perspective », *in* Centre d'analyse stratégique, Séminaire du 11 sept. 2012, Document de travail n° 2012-07, *Le cerveau et la loi : analyse de l'émergence du neurodroit*, p. 175

234 ROULLET B., « Crimes et biosciences : l'exemple de la psychopathie », *in* LARRIEU P., ROULLET B., GAVAGHAN C., *op. cit.*, p. 132

autorités judiciaires et le personnel soignant. Les neurosciences ont révélé certaines particularités au niveau de leur architecture cérébrale. Leur système limbique est altéré ce qui rend le décryptage des émotions différent et provoque une froideur affective. Des anomalies au niveau des récepteurs de sérotonine et de testostérone sont également constatées[235]. La neuropharmacologie offre alors une perspective thérapeutique intéressante pour agir sur ces facteurs. Pour limiter la violence et les différents types de paraphilies[236], il serait possible, sous réserve du consentement, de leur administrer des molécules inhibitrices de recapture de la sérotonine[237].

Plus généralement, les nouveaux traitements proposés par les neurosciences reposent à la fois sur l'administration de substances neuropharmacologiques et sur des techniques plus récentes comme la réadaptation et l'entraînement cognitif[238] ou encore la stimulation transcrânienne[239]. Les molécules chimiques qui peuvent être éventuellement administrées sont les sédatifs, les antipsychotiques, les neuroleptiques, les thymorégulateurs qui ont un impact sur l'humeur, et les antipsychotiques. Ce type de traitement n'est pas inconnu du monde judiciaire et de la doctrine pénale. Le problème de la « castration chimique » a déjà été envisagé par le droit pénal. Cette qualification est quelque peu abusive car dès l'arrêt du traitement, les effets sont réversibles[240]. Il s'agit d'un traitement inhibiteur de libido qui diminue les

---

235 Ibid. p. 134

236 DELAVENNE H. et al. « Quelle prise en charge thérapeutique pour les patients paraphiles auteurs de violence sexuelle ? », *PSN*, vol. 12, n° 1, 2014, p. 15-29.

237 CHNEIWEISS H., *Neurosciences et neuroéthique, des cerveaux libres et heureux*, Paris, Alvik, 2006, p. 59

238 EAGLEMAN D., *op. cit.*, p. 47

239 OULLIER O., BASSO F., *op. cit.*, p. 121

240 MINISTERE DE LA JUSTICE et al., *Guide de l'injonction de soins*, 2009, URL : http://solidarites-sante.gouv.fr/IMG/pdf/guide_injonction_de_soins.pdf

pulsions sexuelles par l'ingestion de substances anti-androgènes comme l'acétate de cyprotérone (Androcur) ou les antagonistes LH-GnRH[241]. Il peut être utilisé comme réponse thérapeutique pour les délinquants souffrant de troubles sexuels sévères. Les pédophiles pourraient éventuellement être concernés[242]. Il est notamment employé en Russie, au Canada, aux États-Unis, en Pologne, en France, en République tchèque[243] et en Allemagne[244]. En France, ce traitement recommandé par la HAS[245] peut être prescrit dans le cadre d'une injonction de soins, y compris lorsque les soins sont débutés en milieu pénitentiaire. C'est une mesure qui repose sur le volontariat mais tout refus de consentir au traitement empêche l'octroi d'aménagements de peine[246]. Depuis la loi du 10 mars 2010, le consentement n'est plus soumis à un formalisme renforcé. Ce qui ne différencie pas cet acte, pourtant lourd de conséquences et à l'efficacité non démontrée, des autres propositions thérapeutiques de l'injonction de soins...

La stimulation électrique transcrânienne ou la stimulation profonde pourraient être utilisées[247]. La deuxième technique est plus invasive que la première qui consiste simplement en la stimulation électromagnétique du cortex préfrontal dans le but de faire disparaître les attitudes dissimulatrices et d'activer certains aspects de la cognition sociale comme

---

241 *Ibid.* p. 47

242 CHNEIWEISS H., *op. cit.*, p. 55

243 LAVRIC S., « Castration chimique : étude de législation comparée, *D.*, 2009, p. 128 ; MINISTERE DE LA JUSTICE et al., *op. cit.*, p. 47 et s. (voir ce document pour une étude détaillée des différents régimes d'application)

244 Il est à noter qu'en Allemagne la castration physique est légale sous réserve d'un consentement aux modalités renforcées et que l'auteur soit âgé de 25 ans au minimum

245 HAS, *Prise en charge des auteurs d'agression sexuelle à l'encontre des mineurs de moins de quinze ans*, Recommandations, 2009

246 Article131-36-4 al. 1 du C.pén.

247 LARRIEU P., *Neurosciences et droit pénal..., op. cit.*, p. 123-124

l'empathie. La stimulation cérébrale profonde est utilisée par les médecins psychiatres pour traiter les maladies du mouvement (Parkinson, tremblements essentiels…) mais également les troubles obsessionnels compulsifs voire même la dépression. Cette méthode a une action très ciblée. De ce fait, elle pourrait être utilisée dans le but de diminuer les accès de violence ou les pulsions sexuelles de certains délinquants en agissant sur la zone cérébrale impliquée. Une telle utilisation serait, selon nous, déconseillée puisqu'elle agit directement sur le cerveau ce qui n'est pas sans rappeler la très contestée pratique de la lobotomie...[248]

Des méthodes non invasives et plus naturelles basées sur la plasticité du cerveau[249] et son aptitude à se modeler selon l'environnement extérieur seraient une alternative beaucoup plus respectueuse et prometteuse. Mais, elles ne pourraient concerner que les délinquants chez qui la remédiation cognitive est possible. Ces méthodes démontrent une certaine efficacité dans le domaine des addictions à travers la technique dite du « *neurofeedback* » qui permet une auto-modulation du cerveau grâce à un entraînement du cortex préfrontal[250]. Les troubles psychotiques pourraient également être traités de la sorte[251]. Ces nouvelles techniques issues des neurosciences cognitives et de la neuroanatomie sont prometteuses et permettraient de s'affranchir de toute absorption de substance chimique.

248 JOHNSON J., « A dark history : memories of lobotomy in the new era of psychosurgery, *Medecine studies*, 2009, n°1, p. 367 ; GONON F., « Cinquante ans de psychiatrie biologique. De l'espoir au doute assumé, Édouard Zarifian et Elliot Valenstein, militants exemplaires », *Sud/Nord*, vol. 25, n° 1, 2010, p. 39-48

249 STEEN NEPPER LARSEN, « The Plasticity of the Brain - an Analysis of the Contemporary Taste for and Limits to Neuroplasticity », *in* LARRIEU P., ROULLET B., GAVAGHAN C. (sous la dir. de), *op. cit.*, p. 36

250 EAGLEMAN D., *op. cit.*, p. 52

251 *Ibidem*

Si la peine et le soin se superposent, c'est aussi dans le dessein de la lutte contre la récidive. Lutte qui, à l'heure actuelle, semble passer par la prévention.

§ 2. Utilisation des neurosciences dans le cadre de la prévention

Le concept de dangerosité a peu à peu fait son entrée dans les politiques pénales à tel point qu'il est devenu incontournable (A). Quand il s'agit d'évaluer la dangerosité d'un individu, les psychiatres sont dans l'impasse, c'est pourquoi admettre l'utilisation des neurosciences dans les expertises post-sentencielles pourrait s'avérer judicieux (B).

A. La dangerosité, un concept flou de plus en plus utilisé

La dangerosité n'a jamais été ignorée du droit pénal mais c'est bel et bien depuis quelques années que le concept opère une progression ascendante tendant même à se substituer à la culpabilité[252]. Dans le Code pénal, les peines et les mesures de sûreté ont toujours coexisté mais de manière implicite jusqu'en 2005. Officiellement il n'existait que des peines mais parmi elles, certaines avaient une visée exclusivement préventive et leur prononcé n'était motivé que par le risque de commission d'une infraction future. Il s'agissait bel et bien de mesures de sûreté qui ne portaient pas leur nom, dénuées de toute idée de culpabilité ou de punition. La Cour de cassation n'a d'ailleurs jamais hésité à leur redonner leur qualification lorsqu'elle se rendait compte que la mesure était uniquement destinée à la neutralisation du délinquant, à sa surveillance ou à son traitement. Le 12 décembre 2005, le législateur s'est détaché de sa position ambiguë lorsqu'il a consacré le placement sous surveillance électronique mobile et la surveillance judiciaire. Il leur a cette fois donné leur

---

252 LETURMY L., « La dangerosité dans l'évolution du droit pénal français », *L'information psychiatrique*, vol.88, n° 6, 2012, p. 417-422

véritable qualification. À l'origine, les mesures de sûreté étaient sans limitation de durée et révisables en fonction de l'état dangereux. Depuis la création de la notion de « matière pénale » par la CourEDH[253] ou de « sanction ayant le caractère d'une punition »[254] par le Conseil constitutionnel, les garanties entourant le prononcé d'une peine peuvent être étendues à toute sanction relevant de ces catégories. Toutefois, les mesures de sûreté échappent au principe de non-rétroactivité *in pejus*[255] sauf s'il s'agit de mesures de sûreté privatives de liberté[256] comme la rétention de sûreté introduite par la loi du 25 février 2008[257].

La surveillance de sûreté consiste en un ensemble de mesures de contrôle et d'obligations. Elle intervient à la libération du condamné ou peut faire suite à une rétention de sûreté[258]. Cette dernière a fait couler beaucoup d'encre et continue de susciter l'indignation puisqu'il s'agit d'une mesure d'enfermement dans un centre « socio-médico-judiciaire de sûreté » dans lequel une prise en charge médicale, sociale et psychologique est censée être proposée de manière permanente. Cette mesure fait suite à une peine d'enfermement lorsque l'individu est jugé dangereux. Il est donc question d'un enfermement préventif fondé sur la dangerosité et non sur la culpabilité. Cette mesure de sûreté, qui à notre sens n'en a que le nom, illustre bien une substitution progressive entre les deux concepts. L'individu devient « coupable d'être dangereux ».

Outre ces dispositions, le concept de dangerosité pénètre également le domaine des aménagements de peine. En effet,

---

253 CourEDH, *Engel c. Pays-Bas*, 8 juin 1976, req. n° 5100/70

254 Cons. Const., n° 87-237 DC, 30 décembre 1987

255 Article 112-1 du C. pén. et article 8 de la Constitution de 1958

256 Cons. Const., n° 2008-562 DC, 21 février 2008

257 *Loc. cit.*; art. 706-53-13 et s. du CPP

258 Articles 706-53-13 à 706-53-19 du CPP

dans les conditions d'octroi, la nécessité de ne pas apparaître comme dangereux est essentielle et doit être analysée par un ou plusieurs experts dans le cadre de l'expertise de pré-libération[259]. C'est notamment le cas pour les permissions de sortie[260], la libération conditionnelle dans certains cas[261] ou encore, et de manière plus étonnante, pour la suspension de peine pour raisons médicales ou psychiatriques[262]. C'est également le cas pour le relèvement de la période de sûreté qui nécessite l'évaluation de la dangerosité par trois expertises psychiatriques[263]. Tantôt les textes parlent d'expertise psychiatrique de dangerosité, tantôt d'évaluation pluridisciplinaire de la dangerosité. Quoi qu'il en soit, les expertises post-sentencielles fondées sur la dangerosité ont vocation à se systématiser alors même que dans la phase pré-sentencielle elles sont facultatives. Le phénomène ne s'inverse pas, surtout depuis qu'un droit de la peine de plus en plus spécialisé en matière terroriste commence à se dessiner autour de cette notion[264].

La dangerosité est souvent évoquée mais que signifie-t-elle réellement ? La notion est floue, imprécise ce qui pose des difficultés au regard du principe de légalité criminelle. En effet, le terme est polysémique. Il concerne à la fois la dangerosité psychiatrique qui est le risque de passage à l'acte lié à la pathologie mentale et la dangerosité criminologique

---

259 LEZE Samuel, « Les Politiques de l'expertise psychiatrique. Enjeux, démarches et terrains », *Champ pénal* [En ligne], Séminaire du GERN "Longues peines et peines indéfinies. Punir la dangerosité" (2008-2009), mis en ligne le 06 novembre 2008, consulté le 19 janv. 2016. URL : http://champpenal.revues.org/6733 ; DOI : 10.4000/champpenal.6733

260 Article 723-3 du CPP

261 Article 729 du CPP

262 Article 7201-1-1 du CPP

263 Article 132-23 du C.pén.

264 Loi n° 2016-731 du 3 juin 2016 renforçant la lutte contre le crime organisé, le terrorisme et leur financement, et améliorant l'efficacité et les garanties de la procédure pénale, JORF n° 0129, 4 juin 2016

liée au risque de récidive ou plutôt de réitération, dont la définition n'est pas clairement posée. La dangerosité est donc plus une notion criminologique qu'un concept juridique. Actuellement, une véritable confusion entre la dangerosité psychiatrique et la dangerosité criminologique s'opère mettant le psychiatre chargé de son évaluation dans une situation très inconfortable à laquelle les neurosciences pourraient mettre un terme.

B – Les neurosciences au secours de l'expertise de dangerosité post-sentencielle

En France, l'expertise post-sentencielle est confiée au médecin psychiatre. Elle réduit la dangerosité criminologique à la dangerosité psychiatrique qui a pourtant des fondements totalement différents. Les mêmes critiques que celles formulées à l'encontre de l'expertise pré-sentencielle[265] viennent alourdir ce lourd tribut... Le raisonnement poussé à l'extrême laisserait entendre que l'individu dangereux se réduirait à l'individu malade mental. Ce qui est loin d'être exact[266].

En France, si le médecin psychiatre ne conclut pas à la dangerosité et que le condamné commet une nouvelle infraction, il engage sa responsabilité. Ce qui conduit à une surévaluation de la dangerosité. Cette situation de fait est critiquée jusqu'aux États-Unis et au Canada, qui utilisent d'autres outils pour effectuer cette tâche. Dans le système anglo-saxon, la dangerosité est évaluée selon des méthodes actuarielles comparables à celles utilisées dans le domaine de

---

265 GAUTRON V., DUBOURG E., « La rationalisation des outils et méthodes d'évaluation : de l'approche clinique au jugement actuariel », *Criminocorpus* [en ligne], Savoirs politiques et pratiques de l'exécution des peines en France au XXe siècle, mis en ligne le 26 janvier 2015, consulté le 08 décembre 2016

266 LAMANDA V., *Amoindrir les risques de récidive criminelle des condamnés dangereux*, Rapport à M. le Président de la République, 2008

l'assurance[267]. Il s'agit d'une approche mécanique faisant appel à des algorithmes qui analysent de manière statistique des éléments objectifs dans le but de prédire le comportement criminel. Dans les années 1990, des logiciels, tels que le Static-99, composés d'une base de données comprenant des facteurs statiques et objectifs (nombre de condamnations, âge, peine prononcée, sexe…) ont été mis en place. Une note est attribuée à chaque facteur, le score finalement obtenu permettait d'évaluer le risque de dangerosité et de récidive[268]. Ces méthodes sont loin d'être fiables puisque 31% des individus testés ont, à tort, été classés dans la catégorie des récidivistes[269]. Dans la génération de logiciels suivante, des éléments cliniques ont été intégrés, ce qui n'a pas eu pour effet de leur conférer une plus grande capacité de prédictibilité.

Ni la méthode clinique ni la méthode actuarielle n'étant satisfaisantes, pourquoi ne pas s'intéresser aux méthodes proposées par les neurosciences ? Les études en neuroanatomie cherchent à mettre en évidence des invariants cérébraux liés à des comportements contrevenant à la loi. Le cas de Phinéas Gage est mondialement connu et démontre que la psychopathie peut être acquise[270]. En effet, cet ouvrier a été victime d'un grave accident. Une barre de fer lui a transpercé le crâne ce qui a conduit à la modification de son comportement. Depuis, l'étude des lésions par le biais de l'imagerie cérébrale structurelle mais aussi fonctionnelle est utilisée pour repérer les zones impliquées dans certains comportements déviants. Cette cartographie pourrait servir dans le cadre des expertises. Aux États-Unis par exemple, à titre expérimental, des chercheurs ont fait passer des IRMf à plusieurs détenus en passe d'être libérés. Leur activité

---

267 GAUTRON V., DUBOURG E., *loc. cit.*

268 Entendue au sens non juridique

269 GAUTRON V., DUBOURG E., *loc. cit.*

270 ROULLET B., *op. cit.*, p. 87

cérébrale a été mesurée et au bout de quatre ans, un recensement de ceux qui avaient récidivé a été effectué. Il s'est avéré que ceux-ci présentaient une moins forte activité cérébrale dans leur cortex cingulaire antérieur[271].

Des particularités physiologiques et neurophysionomiques ont été mises en avant chez des personnes présentant des comportements violents : anomalies dans les zones frontales, temporales et corticales, dysfonctionnement du thalamus et atrophie de l'amygdale (comme chez la plupart des psychopathes)[272]. Des études au niveau génétique avaient déjà été réalisées sur le polymorphisme du gène MAO-A (Monoamine Oxydase A) porté par le chromosome X et sur son éventuelle implication dans les comportements violents. Ce gène aurait des implications sur le fonctionnement du cerveau et s'il s'exprime faiblement, cela produit des conséquences sur l'inhibition cognitive ainsi que le volume orbitofrontal[273]. Mais uniquement chez les hommes. Ces deux caractéristiques sont récurrentes chez les sujets violents. Des études en neurochimie et en neuroendocrinologie ont également mis en évidence qu'un déficit ou un surplus de concentration de neurotransmetteurs pouvaient avoir des conséquences sur le comportement, comme par exemple la sérotonine ou la testostérone en ce qui concerne l'agressivité[274].

Tous ces travaux expérimentaux laissent penser que l'imagerie cérébrale et la neurochimie pourraient permettre d'éclairer les experts sur les traits de caractère de l'individu. Une personne dénuée d'empathie dont l'amygdale est atrophiée pourra alors potentiellement être qualifiée de « dangereuse ». Cette nouvelle méthode d'évaluation n'est

---

271 GAZZANIGA et al., « Neuroprediction of future rearrest », *Proceedings of the National Academy of Sciences of the USA*, 2013

272 *Ibidem*

273 ROULLET B., *op. cit.*, p. 89

274 LARRIEU P., *Neurosciences et droit pénal...*, *op. cit.*, p. 155

toutefois pas meilleure que les autres puisqu'elle soulève des problèmes d'éthique[275] et pourrait être qualifiée de néophrénologie... Pourtant, l'article 16-14 du Code civil l'autorise expressément. En effet, la disposition ne différencie pas *expressis verbis* l'expertise pré-sentencielle de la post-sentencielle. Par voie de conséquence et dans le respect du principe de légalité criminelle, les deux sont autorisées.

Les neurosciences sont donc susceptibles de servir le droit pénal à différents stades du procès pour éclairer différentes questions comme celle de la preuve et de la vérité si chères au droit pénal, de l'impartialité, de la responsabilité mais aussi celle de la dangerosité. Cependant, la récente apparition des neurosciences au sein des prétoires et les perspectives d'applications évoquées ne sont pas sans soulever d'importantes interrogations. La prudence et la modération du ton qui ont été utilisées tout au long de cette première partie ne sont pas anodines. La rencontre du droit pénal et des neurosciences est finalement loin d'être si aisée...

---

275 RAMUS F., « Quel pouvoir prédictif de la génétique et des neurosciences, et quels problèmes ? », *Médecine et Droit*, 2011, p. 51-58

2e PARTIE

Neurosciences et droit pénal, une fusion impossible ?

Le dialogue entre le droit pénal et les neurosciences est difficile. Les perspectives d'applications évoquées dans la partie 1 ne sont pas sans poser de sérieuses difficultés au regard de la procédure pénale (Chapitre 1) et nous laissent perplexes quant aux bouleversements conceptuels qui risqueraient de survenir (Chapitre 2).

Chapitre 1. Les neurosciences confrontées aux impératifs de la procédure pénale : un dialogue difficile

L'application des neurosciences dans la procédure pénale se heurte à des obstacles importants (Section 1) même si des remèdes pour les contourner ont été, ou devraient être, mis en place (Section 2).

Section 1. Les obstacles relatifs à l'application des neurosciences dans la procédure pénale

L'utilisation des neurosciences dans le procès pénal se heurte à des limites juridiques (§ 2), techniques et scientifiques (§ 1).

§ 1. Les limites extra-pénales à l'utilisation des neurosciences

Pour que les neurosciences puissent être utilisées dans le procès pénal, elles doivent remplir un impératif de fiabilité qui n'est pas encore atteint pour des raisons techniques (A) qui se doublent de difficultés biologiques au regard du fonctionnement complexe du cerveau (B).

A. Des méthodes à la fiabilité encore insuffisante

Michael Gazzaniga l'affirme : « les neurosciences ont suffisamment de défis à assumer avant de pouvoir fournir des prestations fiables dans le cadre des procédures pénales »[276]. Les neurosciences, pour l'heure, ne font pas de leur utilisation en matière pénale une priorité. C'est une science jeune qui n'en est qu'au stade du balbutiement même si les avancées qu'elles proposent dans le domaine médical peuvent paraître révolutionnaires.

Tout d'abord, pour ce qui est de la détection du mensonge, l'imagerie cérébrale fonctionnelle est soumise aux mêmes limites que l'utilisation du polygraphe en termes de fiabilité. En effet, pour le polygraphe, le lien entre mensonge et variations physiologiques était très contesté [277]. Une accélération du rythme cardiaque peut très bien correspondre à un état de stress plutôt qu'au mensonge. Être le sujet d'une procédure pénale est susceptible de provoquer de la crainte, les expériences en laboratoire ne prennent pas en compte ce paramètre. L'utilisation du neurodétecteur de mensonges fait écho à ce problème. En effet, selon Henry Chneiweiss, il « n'existe pas d'image neurale du vrai »[278]. De plus, pour évaluer le « chemin neuronal du mensonge », les méthodes utilisées en laboratoire sont critiquables. Il n'est pas sûr que les neurones activés correspondent bien à l'activité cérébrale liée au mensonge puisqu'on donne l'ordre aux individus de le faire. Le mensonge n'est pas spontané[279]. De plus, pour obtenir les conclusions, une moyenne inter- et intra- individuelle des résultats obtenus sur un échantillon restreint et non représentatif de la population mondiale est réalisée[280]. Cela conduit à une marge d'erreur non négligeable[281]. Or, une marge d'erreur, même infime, est problématique au niveau pénal puisqu'elle risque de déboucher sur des erreurs judiciaires. Il serait paradoxal de

276 GAZZANIGA M. et al., *loc. cit.*

277 BLAIN B., OULLIER O., *op. cit.*, p. 97

278 CHNEIWEISS H., *op. cit.*, p. 112

279 BLAIN B., OULLIER O., *op. cit.*, p. 132

280 OPESCT, *loc. cit.*

281 CCNE, *loc. cit.*

vouloir utiliser une méthode pour rechercher la vérité et finalement aboutir au résultat inverse. Surtout qu'à l'instar de la technique de la punaise dans la chaussure pour fausser les résultats du polygraphe, il est possible de biaiser ceux de l'IRMf en s'adonnant à un simple exercice de calcul mental...[282] D'ailleurs, la méthode même de l'IRMf doit être bien comprise pour se garder de « détourner ou de surinterpréter »[283]. Nous l'avons expliqué lors des premiers développements, l'IRMf ne permet qu'une mesure indirecte de l'activité cérébrale qui permet une estimation et pas un enregistrement. Cette différence terminologique entraîne un impact pratique majeur : il n'existe pas de photographie du cerveau en activité, tout n'est que reconstitution et interprétation. C'est le problème de « l'inférence inverse » ou « inférence rétrograde »[284].

Aussi, ce n'est pas parce qu'on commence à décrypter le langage cérébral que la « boîte noire du cerveau » est accessible. Le fantasme de la lecture des pensées des criminels devra attendre encore quelques années avant de pouvoir être concrétisé[285]. En effet, pour imager le propos, si on maîtrise une langue, il est possible de lire des livres mais pas de prédire ce qui se trouve à l'intérieur.[286] Même si ces obstacles pourraient à terme être résolus, il faudrait s'accorder sur la définition du mot « mentir ». Qu'est-ce qu'un mensonge ? La question peut paraître évidente mais le mot est susceptible de plusieurs interprétations : mensonge par omission, mensonge volontaire, involontaire… Il est

---

282 OULLEIR O., BASSO F., *loc. cit.*

283 CCNE, *loc. cit.*

284 BLAIN B., OULLIER O., *op. cit.*, p. 112

285 KOESSLER L., *Lire et décoder les pensées : science ou fiction?*, Conférence organisée dans le cadre de la Semaine du cerveau, Gérardmer, 15 mars 2017

286 CHNEIWEISS H., « Les neurosciences et le Droit : un dialogue difficile mais nécessaire ou comment identifier les causalités sans sombrer dans le déterminisme », *La lettre des neurosciences*, 2013, no 44, p. 28-31

également impossible de se fier aux études américaines sur la prétendue fiabilité de la méthode puisqu'il existe des conflits d'intérêts. La littérature scientifique est écrite par des chercheurs qui, souvent, ont investi dans des sociétés privées de détection du mensonge à destination de la justice.

Ces sociétés n'auront jamais vocation à exister en France puisque le modèle procédural est plutôt de type inquisitoire. Se pose alors la question du financement. Si la preuve neuroscientifique était utilisée, cela engendrerait des coûts énormes pour le service public de la justice puisque ces examens sont très coûteux[287]. Le même constat est valable pour l'expertise pré-sentencielle. La neuroimagerie est autorisée, mais il y a fort à parier qu'elle ne soit que peu utilisée, le budget de la Justice étant pour le moins serré.

Enfin, être soumis à l'IRM n'est pas anodin. La personne qui subit l'examen est exposée à un champ électromagnétique et/ou à un rayonnement ionisant dont l'impact sur la santé est, selon l'Autorité de Sûreté Nucléaire, non négligeable[288]. Hors du champ médical ou de la recherche, faire courir un risque pour la santé est-il vraiment nécessaire ? La question reste en suspens. Il faut maintenant s'intéresser à la complexité du cerveau pour renforcer l'idée que la fiabilité des neurosciences est très insuffisante pour être espérée appliquée de façon généralisée dans le procès pénal.

B. La complexité du cerveau comme obstacle à une utilisation optimale

Selon Olivier Oullier, « on ne peut pas relier quelques millimètres cubes de cerveau à un comportement complexe »[289]. En effet, les études menées sur les

---

287 Estimés à 4 000$ aux États-Unis

288 BYK C., « Les neurosciences : une contribution... », *loc.cit.*

289 OULLIER O., BASSO F., *op. cit.*, p. 123

caractéristiques cérébrales propres aux sujets violents ou aux psychopathes permettent seulement d'établir une corrélation entre une anomalie cérébrale et un trouble du comportement. Il ne s'agit en aucun cas d'un lien univoque et certain entre les deux. Il est important de le préciser puisqu'une confiance aveugle et un manque d'analyse critique des résultats obtenus peuvent conduire à un risque de surinterprétation des données et à une mauvaise évaluation[290]. Ce n'est pas parce qu'un individu présente telle ou telle particularité cérébrale qu'il sera forcément violent. Il s'agit simplement de facteurs prédisposants mais en aucun cas déterminants. Toute personne qui a une atrophie de l'amygdale n'est pas forcément psychopathe et toute personne psychopathe n'a pas nécessairement une telle anomalie.

Par ailleurs, dans le cadre de l'imagerie fonctionnelle, il est impossible d'établir un lien de cause à effet entre telle activité neuronale et telle tâche cognitive. En effet, si les neuroscientifiques savent analyser quelle aire cérébrale est impliquée dans quelle fonction, le chemin du message nerveux reste incertain. Pour imager, les neuroscientifiques ont réussi à établir les grandes gares du message nerveux mais sont encore sceptiques sur les différentes voies de chemin de fer[291]. Les données cérébrales sont très idiosyncrasiques et il existe une grande variabilité individuelle entre les individus. Le cerveau de l'un ne sera pas celui de l'autre. Le cerveau est alors doublement complexe, à la fois dans son architecture standard mais aussi dans sa diversité de fonctionnement. Lorsqu'il sera possible de comprendre chaque cerveau dans son individualité, alors une application des neurosciences en droit sera envisageable, voire même souhaitable pour certains aspects : mieux comprendre le

---

290 CCNE, *loc. cit.*

291 KOESSLER L., *loc. cit.*

cerveau c'est aussi juger l'individu de façon plus adaptée et personnalisée.

Mais, même si ce stade est atteint, une autre difficulté se profile. Depuis les années 1970, une propriété particulière du cerveau a été découverte : la plasticité cérébrale[292]. Ce terme sous-entend que, tout comme le plastique, le cerveau est modulable, il peut se façonner. Rien n'est irrémédiablement figé. Steen Nepper Larsen, professeur de neurobiologie à la *Copenhagen Business School*, le cerveau serait un « double génie »[293]. Cette gratifiante qualification lui vient du fait qu'il est l'interface entre le corps et le monde extérieur. C'est un organe de médiation qui présente une grande souplesse. Il est capable de façonner l'extérieur grâce aux perceptions et à la réalisation d'activités mais l'environnement est également capable de jouer sur son fonctionnement. En effet, le cerveau peut faire, défaire ou encore réorganiser ses connexions neuronales en fonction des différents stimuli qu'il reçoit. Il a une grande capacité d'adaptabilité. Par exemple, après un accident vasculaire cérébral, il arrive qu'une aire cérébrale devienne totalement dysfonctionnelle[294]. Pour autant, le patient ne souffrira pas forcément de troubles puisque la capacité de réaménagement des neurones permettra de mettre en place une compensation. Il faut bien le reconnaître, face à une telle performance, il est extrêmement hasardeux de tirer des conclusions hâtives sur le lien entre anomalie de fonctionnement et comportement. La fiabilité des méthodes est rendue d'autant plus insuffisante que le cerveau est complexe. Aussi, dans le cadre de la détection du mensonge, il ne faut pas oublier que la perception est une propriété inhérente au cerveau et que ce que nous pensons vrai ne reflète bien souvent pas la réalité. Il n'y a pas meilleur

292 ROULLET B., *op. cit.*, p. 34

293 NEPPER LARSEN S., *op. cit.*, p. 34

294 *Ibid.*, p. 39

interprète que le cerveau[295]. De récentes études tendent même à démontrer que plus on ment, plus le cerveau s'y habitue du fait de la plasticité et donc moins il faut faire d'effort pour mentir ce qui influencera nécessairement les résultats du neurodétecteur[296].

Ainsi, le CCNE recommande la plus grande prudence face au risque d'interprétation et de détournement de l'imagerie médicale, d'autant plus que la population est fascinée par ces images et que les experts pourraient se servir de ces typologies encore incertaines pour préjuger d'une dangerosité qui dans le fait sera objectivée mais ne sera pas pour autant avérée. Même en imaginant que ces difficultés soient surmontées un jour dans le cadre du progrès technoscientifique, l'application des neurosciences en justice se heurterait certainement à des obstacles juridiques. Dans certains cas, accepter d'utiliser les sciences relatives au cerveau dans le procès pénal, c'est admettre qu'on puisse se servir d'un des attributs les plus sacrés de l'Homme. Or qui dit intrusion dit garanties fondamentales.

§ 2. Les droits fondamentaux à l'épreuve des neurosciences

La recherche de la vérité est certes importante en droit pénal mais elle n'est pas absolue, c'est pourquoi appliquer de manière aveugle les neurosciences en droit pénal contreviendrait à bon nombre de garanties fondamentales (A) dont le respect de la vie privée à travers les données potentiellement recueillies (B).

---

295 *Ibid.*, p. 40

296 LOUME L., « Comment le cerveau prend goût au mensonge », *Sciences et avenir* [en ligne], mis en ligne le 2 nov. 2016, consulté le 6 mars 2017. URL : https://www.sciencesetavenir.fr/sante/cerveau-et-psy/comment-le-cerveau-prend-gout-au-mensonge_107815

A. La recherche de vérité, jalonnée par des garanties fondamentales

La recherche de la vérité, tout comme la vérité judiciaire, est relative[297]. Les droits fondamentaux inhérents à la personne humaine ont une valeur supérieure à cet objectif. Autrement dit, la fin (la vérité) ne justifie pas les moyens (contrevenir aux droits fondamentaux). De façon générale, tous ces droits sont inscrits dans la CEDH.

Il convient d'abord de se focaliser sur la preuve neuroscientifique. Nous l'avons déjà évoqué, pour les pouvoirs publics, le principe de liberté de la preuve[298] est enserré par le principe de légalité, de loyauté et ne doit pas contrevenir aux droits de la défense ni à la dignité humaine. Soumettre systématiquement les suspects à un tel test soulèverait diverses difficultés. En effet, dans la « conception défensive »[299] de la présomption d'innocence[300], le droit de ne pas contribuer à sa propre incrimination est considéré comme son corollaire[301]. Le droit de se taire est prévu à tous les stades de la procédure pénale[302]. Or, si on utilise les neurodétecteurs de mensonges, ce droit est bafoué. De plus cela contreviendrait au droit pour l'accusé de ne pas s'auto-incriminer comme a déjà pu le juger la Cour de cassation lorsqu'une personne mise en examen a été entendue sous hypnose[303]. Cette dernière technique manque de fiabilité

---

297 VAN DE KERCHOVE M., « Vérité judiciaire et para-judiciaire en matière pénale : quelle vérité ? », *Droit et société*, vol. 84, n° 2, 2013, p. 411-432

298 Art. 427 du C. pén.

299 HENRION H., La présomption d'innocence dans les travaux préparatoires au XXe siècle, *Arch. pol. Crim.*, 2005, p.39

300 Art. 9 de la DDHC, article 6§2 de la CEDH, art. 9-1 du C.civ. et art. préliminaire du CPP

301 CourEDH, *Funke c. France*, req. n° 10828/84, 25 fév. 1993

302 Articles 61-1, 63-1 et 77 du CPP, articles 113-4 et 116 du CPP, articles 328, 406 et 535 du CPP et CourEDH, *John Murray c. Royaume-Uni*, GC, n° 14310/88, 28 oct. 1994

303 Cass. Crim., 28 nov. 2001, Bull. Crim. n° 247

c'est pourquoi elle est interdite et il est quasiment certain que le neurodétecteur de mensonge subirait le même sort. En effet ces mécanismes ont pour point commun de briser la volonté du sujet. Celui-ci ne maîtrise donc plus l'information fournie ce qui revient à extorquer les aveux ce qui est contraire aux droits de la défense. Une différence est tout de même à noter. Dans les procédés comme la narcoanalyse ou l'hypnose, le sujet n'est pas conscient alors que dans le cas de la neurodétection il l'est. Il est peu probable que cette différence soit suffisante pour entraîner un recours au détecteur de mensonges nouvelle génération respectueux des droits fondamentaux. D'autant plus que si le suspect a le droit de se taire, il a également le droit de mentir... En effet, il faut rappeler qu'il ne prête pas serment et n'est pas astreint à dire la vérité[304], contrairement au stade de l'instruction préparatoire et du jugement où le refus de dire la vérité est puni de 3 750 euros d'amende[305]. Il existe donc un véritable droit au mensonge durant l'enquête. Adopter le neurodétecteur supposerait une modification législative.

Même en l'absence de fiabilité, les enquêteurs pourraient être tentés d'utiliser le neurodétecteur en tant que « placébo-judiciaire »[306]. Cette technique consisterait à faire croire qu'il est possible de lire dans le cerveau pour inciter le suspect à se confesser. Cette méthode serait assurément taxée de déloyauté les aveux étant également extorqués. Un tel procédé serait contraire à la dignité humaine voire même sanctionné sur le fondement de l'article 3 de la CEDH qui interdit les traitements inhumains et dégradants[307].

Enfin, la question du « témoin-augmenté », auquel on aurait administré une substance neuropharmacologique pour

---

304 AMBROISE-CASTEROT C., « La personne soupçonnée ou condamnée face aux soins ou vérifications sur sa personne, *RDSS*, 2008, p. 66

305 Article 434-15-1 du C.pén.

306 OULLIER O., BASSO F., *op. cit.*, p. 116

307 DREYER E., « La dignité opposée à la personne», *D.*, p. 2731

améliorer les capacités mnésiques fait écho à la brûlante et inquiétante question du transhumanisme et à celle du dopage cognitif[308]. Le terme dopage a d'ailleurs un sens très péjoratif puisqu'il renvoie à l'idée du dopage sportif qui, lui, est interdit dans tous les cas. La consommation de psychostimulants n'est pas interdite en soi s'il s'agit d'un médicament sans ordonnance ou soumis à prescription mais obtenu de manière licite. On le voit, le traitement est détourné de sa finalité thérapeutique pour être administré à des fins de performance. Un glissement s'opère donc de « l'Homme réparé »[309] à « l'Homme augmenté ». L'utilisation de ces médicaments dans la sphère personnelle ne semble pas poser pas de problème. Elle relève de la liberté individuelle confortée par le principe d'autonomie personnelle, faculté propre à chacun de mener sa vie comme il l'entend. Cependant, dans le cadre de la procédure pénale, administrer de telles substances est plus problématique. Si l'appareil pénal autorise ce genre de pratique, il légitime ce nouveau courant de pensée qui cherche à doter l'Homme de ce que la nature ne lui a pas ou peu donné et qui aboutit à des dangers importants pour la santé publique. De plus, selon le CCNE, les traitements neuropharmacologiques « peuvent provoquer l'infléchissement des conduites humaines » et le rapport « bénéfices/risques » n'est pas encore assez documenté[310]. Au regard de la dignité humaine, utiliser une telle méthode dans la procédure pénale est alors problématique. Il règne encore trop d'incertitudes pour en faire un usage raisonné et respectueux des droits fondamentaux. Incertitudes qui existent également quant au

308 DE PAUW E., « Le 'dopage cognitif' : signification et enjeux », *Journal International de Bioéthique*, 2011/3, vol. 22, p. 78-92 ; CHNEIWEISS H., « Cerveau préservé, réparé, amélioré », *Médecine et Droit*, 2011, p. 48-50

309 CHNEIWEISS H., *L'homme réparé*, Paris, Plon, 2012

310 CCNE, *Recours aux techniques biomédicales en vue de neuroamélioration chez la personne non malade : enjeux éthiques*, avis n° 122, 12 décembre 2013

sort des données cérébrales qui pourraient être recueillies au cours de la procédure.

B. Le devenir incertain des données neuroscientifiques recueillies

Comme le rappelle Hélène Gaumont-Prat[311], le droit antérieur n'ignorait pas la protection des données cérébrales même si elles n'étaient pas spécifiquement nommées. Une législation existait déjà. Aujourd'hui, les données issues de l'imagerie cérébrale sont informatisées. Il s'agit d'un impératif compte tenu de la multiplicité de clichés réalisés et du mode de fonctionnement des appareils destinés à faire les examens. Il est nécessaire de protéger les données issues de la neuroimagerie. Il en va du respect du droit à la vie privée[312] et de celui du secret médical[313]. C'est la loi dite « informatique et liberté »[314] du 6 janvier 1978 qui définit le cadre de la collecte, du traitement et de la conservation des données à caractère personnel. L'interconnexion des fichiers et la pratique du « *cloud computing* » (stockage sur des serveurs distants) compliquent la protection. La Commission Nationale de l'Informatique et des Libertés (CNIL) est soucieuse de ces nouveaux problèmes. Par ailleurs, les données cérébrales sont très convoitées par les assureurs et les employeurs. Le texte initialement prévoyait à l'article 16-15 du Code civil que « nul ne [pouvait] faire l'objet de discriminations sur le fondement des techniques d'imagerie cérébrale ». Ce texte a finalement été supprimé car il a été

311 GAUMONT-PRAT H., *loc. cit.*

312 Art. 8 CEDH

313 Art. 4 du c. de déontologie médicale, art. 1110-4 du CSP

314 Loi n° 78-17 du 6 janvier 1978 relative à l'informatique, aux fichiers et aux libertés, JORF 7 janv. 1978

jugé redondant avec la législation déjà applicable en matière de données à caractère personnel[315].

Depuis la loi du 7 juillet 2011, il y a trois contextes dans lesquels les images peuvent être recueillies. Tout d'abord, les données peuvent être incluses dans le dossier médical personnel[316]. Dans ce cas, elles sont soumises aux dispositions communes de confidentialité et de conservation et sont conservées chez un hébergeur devant remplir certaines conditions[317]. Les documents conservés sont sous la responsabilité du médecin qui est tenu d'assurer la confidentialité des données[318] La révélation d'une information tombe sous le coup de la violation du secret médical qui est pénalement répréhensible[319]. Lors de la transmission des données, elles ne sont anonymisées qu'à la demande du patient. Dans le cas où les données relèvent de résultats de la recherche, c'est le directeur de recherche qui est responsable d'assurer la confidentialité des données comme le prévoit la loi Huriet de 1988. Pour ces deux domaines, la confidentialité résulte d'un encadrement législatif protecteur. Il n'en va pas de même pour les données recueillies par des structures privées et non médicales puisque rien n'est prévu par la loi. De même, il est possible de s'interroger sur le devenir des données de la neuroimagerie dans le cadre de l'expertise pénale pré-sentencielle. Où sont stockées les images ? La protection est-elle suffisante ? Un dossier médical est-il constitué ? La loi n'apporte aucun éclaircissement sur ce point[320] ce qui est

315 Art. L122-5 du c. du travail, art. L133-1 du c. des assurances et art. 226-21 du C. pén. pour le délit de détournement

316 Art. 25 du Code de déontologie médicale

317 Art. L1111-8 du CSP

318 Art. 73 du c. de déontologie médicale

319 Art. 226-13 du C. pén., exceptions : art. 226-14 du C. pén.

320 BYK C., « Les neurosciences : une contribution à l'identité individuelle ou au contrôle social ? », *RDSS*, 2012, p. 800

préjudiciable du point de vue du respect de la vie privée. Dans le domaine des données issues de l'imagerie cérébrale, la garantie de ce principe revêt une dimension encore plus symbolique et nécessaire que dans les autres domaines. En effet, le cerveau, et ce qu'il recèle, est souvent perçu et ressenti comme une caractéristique essentielle de notre identité. Certains auteurs proposent même la création d'un « droit à la vie privée mentale »[321].

La législation relative aux neurosciences s'inspire de celle des données génétiques. À terme, cela pourrait-il déboucher sur la création d'une banque de données calquée sur le Fichier National Automatisé des Empreintes Génétiques (FNAEG) créé en 1998 ? Ce fichier « est destiné à centraliser les empreintes génétiques issues des traces biologiques ainsi que les empreintes génétiques des personnes déclarées coupables de l'une des infractions mentionnées à l'article 706-55 [du Code de procédure pénale] en vue de faciliter l'identification et la recherche des auteurs de ces infractions »[322]. Dans le cas où une irresponsabilité serait prononcée pour ces mêmes infractions, les empreintes génétiques sont tout de même conservées[323]. Les personnes contre lesquelles il existe des indices graves ou concordants rendant vraisemblable la commission d'une des infractions définies par l'article 706-55 du Code de procédure pénale peuvent également voir leurs données génétiques versées au fichier. Assurément, la finalité de la création d'un tel fichier pour les « empreintes cérébrales » ne serait pas la même. Cette banque de données servirait plutôt à faire des analyses statistiques des différents cerveaux pour créer des typologies de délinquants et pourquoi pas créer des portraits-robots

---

321 DESBIEY O., « Le développement des neurosciences doit-il s'accompagner de nouveaux droits ? », *LINC* [en ligne], mis en ligne le 16 mai 2017, consulté le 30 mai 2017. URL : https://linc.cnil.fr/fr/le-developpement-des-neurosciences-doit-il-saccompagner-de-nouveaux-droits

322 Art. 706-54 du CPP

323 *Ibid.* al. 2

cérébraux à l'image des portraits-robots créés à partir d'une expertise ADN, récemment validés par la Cour de cassation[324]. Ce qui reviendrait à rechercher un type de cerveau plutôt qu'une personne... Cela risque d'opérer un glissement du contrôle de l'identité à celui des conduites[325]. Aussi, il pourrait servir à évaluer la situation en cas de récidive et regarder comment le cerveau de la personne a évolué depuis la première condamnation. Il faudrait alors envisager la durée de conservation des images. Dans un récent arrêt, la Cour EDH a condamné le Royaume-Uni sur le fondement des articles 14 (non-discrimination) et 8 (vie privée) de la CEDH en raison « de la conservation illimitée et systématique des profils et des échantillons relatifs à la personne condamnée »[326] qui « ne traduit pas un juste équilibre entre les intérêts publics et privés concurrents en jeu »[327]. Les données cérébrales ne pourraient pas être conservées indéfiniment, tout comme celles du FNAEG dont la conservation ne peut pas excéder vingt ou quarante ans selon les cas[328]. Réaliser un tel fichier pour les empreintes cérébrales reviendrait à un genre de fichage qui n'apparaît pas nécessaire. Les données génétiques peuvent servir à une identification alors que les données issues de la neuroimagerie ne le peuvent pas... du moins pour l'instant.

Face à toutes ces interrogations et difficultés potentielles, il faut se demander s'il n'est pas possible d'instaurer des remèdes pour que le droit et les neurosciences puissent se côtoyer sans encombre à l'occasion du procès.

---

324 Cass. Crim., 25 juin 2014, n° 13-87.493, *AJ Pénal*, 2014, p. 487, obs. GIRAULT C.

325 CCNE, *Biométrie, données identifiantes et droits de l'homme*, avis n° 98, 26 avr. 2007

326 CourEDH, *S. et Marper c. Royaume-Uni*, GC, req. n° 30566/044 déc. 2008, §48

327 *Ibid.* §125

328 Art. R53-14 du CPP

Section 2. Les remèdes potentiels pour un emploi raisonné des neurosciences

L'exigence du consentement n'est pas suffisante pour surmonter les obstacles (§ 1). Le législateur a néanmoins essayé d'apporter des réponses pour l'avenir mais a omis quelques aménagements qui semblent pourtant nécessaires (§ 2).

§ 1. Le consentement, un garde-fou lacunaire

Le consentement occupe une place particulière en procédure pénale. S'il est naturel en droit civil, il l'est moins en droit pénal. La prise en compte du consentement de l'auteur témoigne d'une volonté de consensualisme qui n'est pourtant que de façade...

Dans le cadre du neurodétecteur de mensonges, en procédure pénale française, consentir à se soumettre à l'examen serait-il suffisant pour que l'utilisation se fasse dans le respect des droits fondamentaux ? Aussi, un droit à la preuve neuroscientifique est-il concevable étant entendu que c'est la personne suspectée qui en ferait la demande ? *A priori* oui puisque dans le cadre des droits de la défense, il est libre d'utiliser les moyens de son choix. Mais, en Suisse, dans l'affaire du meurtre d'Epalinges, le suspect s'est vu opposer un refus à l'issue d'une telle démarche. En effet, l'article 140 du Code de procédure pénale fédéral suisse dispose que « les moyens de contrainte, le recours à la force, les menaces, les promesses, la tromperie et les moyens susceptibles de restreindre les facultés intellectuelles ou le libre arbitre sont interdits dans l'administration des preuves » et que le consentement à leur mise en œuvre ne les rend pas licites (alinéa 2). En filigrane se dessine le respect de la dignité humaine qui anéantit le consentement[329]. En définitive, la dignité ne doit pas être sacrifiée sur l'autel de la liberté[330].

Le consentement ne peut donc pas justifier une atteinte à la dignité humaine que représenterait l'utilisation du neurodétecteur de mensonges dans la procédure pénale. Malgré la multiplication des références à la dignité dans les textes nationaux et supra-nationaux, aucun n'en donne de véritable définition. Pour cause, la notion n'a rien de juridique, elle a plutôt une dimension philosophique ce qui rend son appréhension par le droit compliquée. Il s'agit d'un concept « mou » et flou qui peut s'adapter à toutes sortes de situations. On peut le qualifier comme tel :

> « [la dignité humaine correspond à] la valeur infinie de la personne humaine, qui commande de la traiter toujours d'abord comme une fin, et jamais comme un simple moyen. C'est l'attribut fondamental de la personnalité humaine, qui la fonde à la fois comme un sujet moral et un sujet de droit »[331].

C'est donc à la fois une qualité de la personne humaine et un principe qui permet de protéger ce qu'il y a « d'humain dans l'Homme ». En procédure pénale, il est présent au stade de l'enquête et de l'exécution de la peine, la CourEDH veille particulièrement à son respect sous le prisme du contrôle de l'article 3 de la CEDH.

Outre la dignité, que dire du consentement d'une personne qui fait l'objet d'une procédure judiciaire et plus particulièrement d'une procédure pénale ? Il s'agit d'un sujet de droit qui peut être qualifié de vulnérable au regard de sa

---

329 LEBLOIS-HAPPE J., Le droit de ne pas contribuer à sa propre incrimination, *Travaux de l'Institut de Sciences criminelles et de la justice*, Paris, Cujas, n°1, 201, p. 112

330 *Ibidem*

331 GUINCHARD S., DEBARD T. (sous la dir. de), *op. cit.*, p. 323

situation[332]. Être suspecté ou plus généralement plongé au cœur d'une procédure n'est pas anodin. Pour être efficace, le consentement doit être libre et éclairé. C'est-à-dire que celui qui le donne ne doit le faire ni sous la contrainte ni sous la menace et qu'il doit avoir reçu toutes les informations nécessaires pour connaître les différentes options qui s'offrent à lui et les conséquences de chacune d'elles. Dans le cadre du droit de ne pas contribuer à sa propre incrimination, le suspect ne peut pas être contraint à participer à la recherche active de preuves contre lui-même[333]. Cependant, il peut être obligé de subir la recherche des preuves[334] lorsqu'il s'agit de données externes qui existent indépendamment de la volonté du suspect comme l'ADN[335]. Dans le cadre des données à caractère génétique, le consentement du mis en cause doit être obtenu pour le prélèvement, mais il n'est pas totalement libre puisqu'en cas de refus la personne encourt un an de prison et 15 000 euros d'amende[336]... En comparaison, dans le cadre du neurodétecteur et plus généralement dans une potentielle recherche de données cérébrales, l'absence de consentement n'aurait pas les mêmes conséquences puisqu'il ne s'agit pas de données externes existant indépendamment de la volonté du suspect. Malgré tout, même si la personne faisait valoir un droit à la preuve neuroscientifique, le consentement serait illusoire puisque la pression de la procédure interférerait avec sa véritable volonté.

Quid de l'hypothétique usage de la neuroamélioration pour le témoin ou la victime ? Nous l'avons déjà évoqué, la

---

332 AMBROISE-CASTEROT C., « Recherche et administration des preuves en procédure pénale : la quête du Graal de la vérité », *AJ pénal*, 2005, p. 261

333 Voir pour exemple CourEDH, *Schannon c. Royaume-Uni*, req. n°6563/03, 4 oct. 2005

334 CourEDH, *Sanders c. Royaume-Uni*, req. n° 19187/91, 17 déc. 1996

335 LEBLOIS-HAPPE J., *op. cit.*, p. 257

336 Art. 55-1 du C. pén.

technique pose problème au regard des droits fondamentaux et plus particulièrement de la dignité humaine. Or, comme il vient d'être démontré, le respect de la dignité humaine fait échec au consentement et la pression de la procédure entrave quelque peu la liberté. La neuroamélioration peut également être utilisée dans le cadre des traitements des soins pénalement ordonnés. Or, dans le cadre d'une injonction[337] ou d'une obligation de soins, le consentement du condamné est nécessaire et même indispensable. D'abord, et de façon anecdotique, cela traduit la volonté du législateur de faire participer le condamné au choix de sa sanction. Ensuite, et surtout, parce que le consentement est indispensable pour tout traitement médical, il en va du respect de l'intégrité du corps humain[338]. Le refus de soin est expressément consacré à l'article L1111-4 du Code de la santé publique[339]. Cependant, le consentement est donné sous la contrainte de la menace de l'emprisonnement. Tout refus dans le cadre de l'injonction de soins entraîne l'incarcération[340]. Les traitements issus des neurosciences peuvent se révéler invasifs ce qui pose un réel problème puisque les personnes pourraient y consentir de manière fortement incitée...

Par ailleurs, et de manière plus concrète, la loi du 7 juillet 2011 autorise le recours à l'imagerie cérébrale dans le cadre de l'expertise judiciaire uniquement sous réserve du consentement de l'intéressé qui peut être retiré à tout moment. Ici aussi il s'agit d'un acte médical qui touche à l'intégrité physique de la personne. C'est pourquoi le consentement est nécessaire. Mais, il faut rappeler que d'après les travaux parlementaires, cette méthode devait être

---

337 Art. 131-36-4 du C. pén.

338 Art. 16-3 du C. civ.

339 « *Aucun acte médical ni aucun traitement ne peut être pratiqué sans le consentement libre et éclairé de la personne et ce consentement peut être retiré à tout moment* »

340 Art. 131-36-1 du C. pén.

autorisée dans le but « d'objectiver un préjudice au niveau du cerveau pour évaluer la responsabilité d'un auteur sur le fondement de l'article 122-1 du Code pénal »[341]. Par déduction, la personne à qui on demande de consentir est potentiellement porteuse d'un trouble psychique ou neuropsychique... Quelle est alors la valeur du consentement donné ? Comment le consentement d'un malade mental peut-il être intègre ? En effet, l'expertise ordonnée par le juge sert à déceler une éventuelle cause d'abolition ou d'altération du discernement. Une personne qui ne comprend pas la portée de ses actes ne peut évidemment pas donner un consentement digne de ce nom même si une porte de sortie est ménagée et prévoit qu'il puisse être rétracté. Consentir à l'acte n'est pas consentir à l'utilisation des résultats. De plus, si l'examen fait apparaître des lésions supplémentaires qui n'ont rien à voir avec le but de la démarche, faut-il en informer la personne ?

Toutes ces questions montrent à quel point le consentement est problématique dans la procédure pénale lorsque des enjeux d'une pareille envergure sont en cause. Heureusement, la dignité borne parfois les dérives de la recherche d'un consentement purement illusoire[342]. Si ce garde-fou n'est pas suffisant pour que toutes les applications des neurosciences puissent prendre pleinement effet, le législateur a tout de même anticipé la montée en puissance des neurosciences dans la société et la perspective d'un nouveau neurodroit pénal.

---

341 BUFFET X., *loc. cit.*

342 HARDOIN-LE GOFF C., « Le consentement du délinquant ou l'entretien d'une illusion en matière pénale », *in Mélanges JH Robert*, Paris, Lexinexiss, 2012, p. 343, cité par LARRIEU P., *op. cit.*, p. 155 et s.

§ 2. L'encadrement législatif, des aménagements indispensables

Les neurosciences sont une discipline jeune, en plein essor, ce qui explique que le législateur n'ait pas encore pu tout anticiper. Les découvertes d'aujourd'hui ne sont pas aussi perfectionnées que celles de demain et c'est uniquement lorsque l'on pourra mieux appréhender tous les enjeux de cette matière qu'elle pourra se concilier de façon efficace avec le droit pénal.

Il faut d'abord remarquer un point problématique. La loi du 7 juillet 2011 semble en effet entrer en conflit avec la loi informatique et libertés de 1978. L'article 10 de cette loi dispose :

> « Aucune décision de justice impliquant une appréciation sur le comportement d'une personne ne peut avoir pour fondement un traitement automatisé de données à caractère personnel destiné à évaluer certains aspects de sa personnalité (alinéa 1). Aucune autre décision produisant des effets juridiques à l'égard d'une personne ne peut être prise sur le seul fondement d'un traitement automatisé de données destiné à définir le profil de l'intéressé ou à évaluer certains aspects de sa personnalité (alinéa 2) ».

Cet article a été introduit par la loi de bioéthique du 6 août 2004. En admettant que l'expertise judiciaire vise également l'expertise post-sentencielle[343], qu'adviendra-t-il de cet article ? Sera-t-il supprimé ? L'utilisation de la médecine prédictive se fonde exclusivement sur ce type de données pour définir des catégories de profil en fonction des particularités cérébrales anatomiques et fonctionnelles de chacun... Il faudrait que le législateur définisse plus clairement quelle est sa position pour qu'aucune ambiguïté

---

343 BYK C., « Les neurosciences : une contribution à l'identité individuelle... », *loc. cit.*

ne soit possible entre ces deux textes. Il serait plus raisonnable, en l'état actuel des connaissances, de conserver l'article 10 de la loi informatique et libertés plutôt que d'utiliser la médecine prédictive dont la fiabilité est contestée et dont l'emploi est décrié à l'heure actuelle.

Il faut remarquer que le législateur a fait preuve d'une grande prudence et n'a pas pris de décision à la hâte exception faite de l'introduction un peu trop précoce de l'imagerie cérébrale dans l'expertise. D'ailleurs, il s'est émancipé de la plupart des recommandations qui ont été faites sur ce point et des avis des neuroscientifiques, qui, animés par une grande modestie, désavouaient une utilisation contemporaine des progrès réalisés ces dernières années. Lors du *Meeting of minds*[344] organisé en 2005, des panels de citoyens de neuf pays européens ont été entendus sur la question et ils avaient eux aussi formulé un avis négatif sur l'introduction des neurosciences dans l'appareil judiciaire. Toutefois, les autres pistes de réflexion ont été validées dans la loi du 7 juillet 2011. La loi de bioéthique du 6 août 2004 a créé l'Agence de la biomédecine (ABM). Elle a une mission d'accompagnement, d'information et d'évaluation dans les domaines qui relèvent de sa compétence. Depuis 2011, elle est désormais tenue « d'assurer une information permanente du Parlement et du Gouvernement sur le développement des connaissances et des techniques dans le domaine des neurosciences »[345]. De plus, les rapports annuels et bisannuels de l'ABM et du CCNE devront comporter des éléments d'informations et d'évaluations portant sur les neurosciences. Cette veille scientifique permettra au législateur de mieux appréhender les nouvelles avancées afin d'adapter leur encadrement et leurs éventuelles applications

---

344 SAUNERON S., « Le neurodroit : quels enjeux éthiques ? Quelles régulations ? », *in* Centre d'analyse stratégique, Séminaire du 11 sept. 2012, Document de travail no2012-07, *Le cerveau et la loi : analyse de l'émergence du neurodroit*, p. 139

345 Art. 1418-1, 13° du CSP

dans le champ de la justice[346]. Outre le fait que les neurosciences puissent servir le droit pénal, ce dernier doit les encadrer et anticiper les difficultés telles que « les effrayantes possibilités d'intervention sur le développement du cerveau humain »[347] ou encore les interrogations posées par la neuroamélioration. Il est impératif de poser certaines règles en la matière ou au moins d'analyser avec plus de minutie la liste des substances pouvant être obtenues sans ordonnance et détournées de leur usage thérapeutique.

Enfin, pour qu'un neurodroit pénal puisse se mettre en place, il faudra veiller à mettre en œuvre un régime de sanctions appropriées[348]. La version définitive de la loi n'a pas donné suite à la proposition de création de l'article 16-15 du Code civil interdisant les discriminations sur le fondement des données cérébrales. Comme nous l'avons vu, il existe d'autres textes spéciaux qui prévoient cette interdiction. Cependant, un texte de portée générale accompagné d'une incrimination spécifique aurait été souhaitable, tant d'un point de vue pratique que légistique. Dès lors que le recours à l'imagerie cérébrale est autorisé dans le cadre de l'expertise judiciaire, les méthodes acquièrent, *de facto et de jure*, une force probante forte[349]. Or, en autorisant seulement le recours à la neuroimagerie dans trois domaines précis, le législateur avait en tête une idée bien précise : éviter les dérives dans les autres pans de la vie sociale comme le marketing par exemple. Les neurosciences intéressent de plus en plus les chercheurs de cette branche puisqu'ils considèrent, à tort, qu'il est possible d'analyser les cerveaux des acheteurs afin de réaliser des politiques de vente plus attractives... Un tel mésusage des données

---

346 SAUNERON S., *op. cit.*, p. 142

347 VINCENT J.D., *Éthique et neurosciences*, UNESCO, 15 oct. 1995

348 GAUMONT-PRAT H., *loc. cit.*

349 OPECST, *L'impact et les enjeux des nouvelles technologies d'exploration et de thérapie du cerveau*, op. cit., p. 141-146

cérébrales n'est donc pas qu'hypothétique. Un encadrement plus clair doit être mis en place. La place initialement réservée à l'article 16-15 avorté était judicieuse. Elle l'aurait rattaché aux grands principes fondés sur les droits de la personne des articles 16 et 16-1 du Code civil, principes d'ordre public chargés d'assurer la dignité de la personne humaine. La redondance n'aurait pas dû justifier cette suppression. Dans un domaine qui soulève autant de questions éthiques et qui touche l'Homme au cœur de sa conscience et de son identité, des dispositions solennelles s'imposent. Le doute n'est pas permis.

Dès que les neurosciences passent la porte du tribunal et plus largement celle du droit qui est socialement fondamental, il faut s'attendre à ce que d'autres disciplines extra-médicales s'emparent du phénomène. Quoi de mieux que la Justice, empreinte d'une dimension solennelle et conservatrice forte pour légitimer une pratique innovante ? L'émergence du neurodroit pourrait constituer un vecteur dangereux vers certaines dérives, c'est pourquoi le législateur doit être des plus attentifs. Il n'a pas fermé les issues à l'infiltration des neurosciences dans le droit pénal français, le gouvernement aussi semble voir dans cette science l'émergence d'un grand progrès qui pourrait s'étendre. L'ancien garde des Sceaux a demandé à ce que les bases de données soient multipliées[350] afin que la technique devienne plus fiable et que son utilisation dans l'expertise soit plus courante. Mais, au-delà de la réception des applications des neurosciences en droit pénal, les découvertes successives pourraient bien changer la conception que notre société a de l'Homme et du monde, bouleversant par la même occasion la philosophie même du droit pénal. Autrement dit, le droit pénal ressortira-t-il sans séquelles de sa rencontre avec les neurosciences ?

---

350 MERCIER M. (Garde de Sceaux 2010-2012), *Réponse ministérielle à M. Fréon Hervé, loc. cit.*

Chapitre 2. L'impact des neurosciences sur le droit pénal : vers un bouleversement conceptuel ?

La collision entre le droit pénal et les neurosciences provoque la réactivation de débats ancestraux (Section 1) qui pourraient bien conduire à un dangereux changement de paradigme (Section 2).

Section 1. L'alliance des neurosciences et du droit pénal, réactivation de débats anciens

Le droit pénal et les neurosciences ne se concilient pas de manière évidente (§ 1) mais leur alliance est susceptible d'avoir des retentissements sur les fondements philosophiques du droit pénal (§ 2).

§ 1. L'union arrangée de deux disciplines antinomiques

Le droit pénal français et les neurosciences ne fonctionnement pas selon la même dynamique (A). Ces divergences ne sont pas si prononcées dans le système anglo-saxon. C'est pourquoi le neurodroit est reçu de façon hétérogène en fonction du modèle procédural adopté (B).

A. Deux disciplines aux finalités distinctes : une vérité polymorphe

La recherche et l'établissement de la vérité représentent la finalité première du droit pénal. C'est d'ailleurs dans ce but que les preuves techniques et scientifiques ont été autorisées[351]. La Science aussi cherche à accéder la vérité selon des méthodes qui lui sont propres. Pour autant, ces deux vérités sont-elles identiques ? Si en philosophie on ne peut pas et on ne doit pas dire « à chacun sa vérité », la vérité se conjugue rarement au singulier... Il faut bien reconnaître que la vérité (neuro)scientifique[352] et la vérité judiciaire ont bel et bien deux visages différents qui présentent tout de même quelques traits communs...

Savoir et devoir ne sont pas synonymes. Partant, vérité judiciaire et vérité neuroscientifique non plus. Le droit est au devoir ce que la science est au savoir. Autrement dit, le droit dit ce qui « doit être » et les neurosciences énoncent « ce qui est »[353]. Le droit a une mission de régulateur et de guide des comportements c'est-à-dire un rôle normatif. Il définit ses propres catégories. Les neurosciences sont plus ancrées dans la réalité et la démarche de travail des scientifiques gravite autour du mot interrogatif « comment ». La vérité juridique concerne les jugements normatifs tandis que la vérité neuroscientifique se réfère au jugement de la réalité[354].

La vérité judiciaire est à la fois relative et subjective. En effet, elle est subjective puisqu'elle repose sur l'intime conviction du juge[355] et, le cas échéant, celle des jurés[356] qui, à l'issue d'un débat contradictoire, trancheront le litige. En cas d'incertitude, le juge ne peut pas refuser de juger, sinon il commettrait un déni de justice[357]. La vérité judiciaire ne

---

351 AMBROISE-CASTEROT C., « Recherche et administration des preuves ... », *loc. cit.*

352 Ce qui est expliqué pour les neurosciences est valable dans le cadre plus large de la Science, les deux mots seront tenus pour équivalents

353 ROPER M., *La philosophie du droit*, Paris, PUF, coll. Que sais-je ?, 2015

354 Ibidem

355 Art. 427 du C. pén.

356 Art. 353 du C. pén.

357 Art. 4 C.civ.

s'apparente donc pas à la formule enfantine de « vérité vraie », c'est une vérité officielle. Le pont chargé de faire le lien entre la vérité et l'intime conviction se dénomme l'autorité de chose jugée. Elle est définie comme :

> « L'autorité attachée à un acte juridictionnel, qui en interdit la remise en cause [...]. Elle crée une présomption de vérité légale au profit du jugement et sert de fondement à l'exécution forcée du droit judiciairement établi »[358].

En droit pénal, l'autorité de chose jugée agit *erga omnes*, autrement dit absolue dans la mesure où les effets juridiques s'imposent à tous[359] dès que la décision est devenue définitive. Elle confère donc une présomption irréfragable de vérité au jugement qui transparaît à travers la locution latine : *res iudicata pro veritate habetur*[360]. La vérité judiciaire est relative à la chose jugée, elle est plus formelle que substantielle. Elle a pour ambition de produire le juste au regard des normes préalablement établies. *In fine*, la vérité est à la fois le moyen et la fin du procès pénal[361]. Alors que pour l'opinion publique, l'adjectif « judiciaire » discrédite la vérité, celui de « scientifique » lui confère un caractère quasi absolu qui est pourtant très inexact.

La vérité neuroscientifique, quant à elle, devrait plutôt être rebaptisée « exactitude ». Elle est également relative et soi-disant objective. Elle se base sur la formulation d'hypothèses devant être démontrées par l'expérience pour être validée. La vérité est donc « vraie » mais seulement jusqu'à preuve du contraire. Elle n'est pas vraiment objective puisque l'hypothèse de base est la traduction des pensées de l'auteur qui la formule, qui l'oriente et qui choisit les moyens

---

358 GUINCHARD S., DEBARD T. (sous la dir. de), *op. cit.*, p. 160

359 *Ibidem*

360 « la chose jugée est tenue pour vraie »

361 LARRIEU P., *Neurosciences et droit pénal...*, *op.cit.*, p. 208

de la démontrer. Elle repose alors sur des présupposés. Qu'elle soit judiciaire ou scientifique, la vérité n'est que reconstruction.

De prime abord, la finalité des neurosciences et celle du droit pénal pourraient paraître communes puisque ces deux matières ont vocation à atteindre la vérité. Mais en réalité, puisque la vérité est polysémique, les finalités sont nécessairement distinctes. Les acteurs de ces deux disciplines ne sont pas motivés par le même objectif. Leurs rationalités sont différentes et leurs outils aussi. L'objectif du droit pénal est la norme juridique, celui des neurosciences est l'expérience. Le droit pénal s'attache à juger et punir un comportement pour assurer son rôle de régulateur social alors que les neurosciences expérimentent pour produire la connaissance et expliquer tout ce qui relève de leur domaine de compétence. Le droit est une science sociale, les neurosciences une science « exacte ». Ces disciplines qui semblent n'avoir rien en commun, intègrent tout de même dans leur raisonnement une notion commune : celle du doute. Bien qu'antinomiques, la science et le droit entretiennent des relations de plus en plus fusionnelles. L'émergence du neurodroit en témoigne.

La vérité judiciaire est susceptible de variantes selon les modèles procéduraux, ce qui explique très certainement que le neurodroit ne peut pas occuper la même place en France que dans les pays de *Common Law.*

B. Des modèles procéduraux particuliers : un « neurodroit » hétérogène

« *Neuro lex, sed... dura lex* ?... Peut-être mais *ab origine fidelis* ! »[362]. Cette citation empruntée à Isabelle Drean-

362 « La loi est dure mais... c'est la neuro-loi... Peut-être mais sans oublier ses origines ! » cité par DREAN-RIVETTE I., *op. cit.*, p. 127

Rivette[363] montre à quel point un regard comparé sur les différents systèmes juridiques est essentiel pour appréhender l'émergence du neurodroit. Les divers systèmes proféduraux des États sont marqués par des traditions bien différentes. Les multiples influences qu'ils ont reçues ont teinté de façon particulière leurs réflexions sur le Droit et leur façon de l'appréhender. C'est pourquoi la réception des disciplines connexes n'est pas la même d'un système à un autre. L'émergence de la *neurolaw* du Nouveau continent ne suscite pas les mêmes interrogations que le neurodroit de l'Ancien[364].

C'est une confrontation entre le système procédural accusatoire (typique des pays de *Common Law)* et le modèle inquisitoire (principalement utilisé en France) qu'il faut réaliser. De manière très schématique, dans le premier, « le rôle dans le déclenchement et dans la conduite de l'instance [ainsi que] dans la recherche des preuves, est réservé aux parties »[365] alors que dans le second, c'est au juge qu'incombent ces missions[366]. L'une est plutôt orale, l'autre est écrite. La frontière entre ces deux modèles tend à s'amenuiser au fil du temps. Les systèmes juridiques deviennent hybrides mais des caractéristiques dominantes issues de l'un ou de l'autre continuent de leur donner une coloration accusatoire ou inquisitoire. La rencontre du droit pénal et des neurosciences semble plutôt se faire sur le mode de l'harmonie dans les pays de *Common Law* tandis qu'en France et dans d'autres pays d'Europe elle aboutit plutôt à une dissonance.

Dans le système de *Common Law* et dans le système français, la manière dont raisonne le droit pénal n'est pas la

363 Ancienne avocate au barreau de Montréal et psychocriminologue

364 *Ibid.* p. 129

365 GUINCHARD S., DEBARD T. (sous la dir. de), *op. cit.* p. 722

366 *Ibid.* p. 725

même. Là où la France et le droit continental (Europe) privilégient des concepts tels que la dangerosité ou la responsabilité[367], le *Common Law* favorise les notions de prédiction et la volonté d'évaluation du risque. En ce sens, le droit continental est plutôt centré sur la personne tandis que le droit des pays de *Common Law* s'attache principalement à l'acte. Il s'agit là de deux préoccupations bien différentes. De même, le rapport à la vérité et le mode de production de celle-ci ne sont pas les mêmes. En effet, dans les pays de *Common Law*, une confrontation entre les deux versions des parties est organisée lors d'un débat contradictoire pendant le procès » pour faire triompher publiquement la plus vraisemblable »[368]. En France, la vérité est censée préexister et le juge, aidé des parties, la recherche et y accède par le biais du syllogisme juridique et d'un raisonnement synthétique très caractéristique du droit français. Autrement dit, en France, le juge cherche à tendre vers une vérité préexistante pour rendre un jugement sur la culpabilité et la peine alors que dans les pays de *Common Law*, le pragmatisme et le réalisme du droit se contente seulement du vraisemblable pour obtenir un compromis, sans chercher à viser le « vrai »[369]. Afin de produire la vérité, dans les pays de *Common Law,* ce sont les parties qui sont à l'origine de la preuve neuroscientifique. Elles la demandent et la financent alors qu'en France cette même preuve serait à la charge de l'État. Là réside la première différence.

Par ailleurs, le modèle adopté par les pays de *Common Law* porte en lui les influences du protestantisme[370] dans lequel la loi a une fonction et une acception empirique et

---

367 GKOTSI G.M., MOULIN V., GASSER J., « Les neurosciences au Tribunal : de la responsabilité à la dangerosité, enjeux éthiques soulevés par la nouvelle loi française », *L'Encéphale*, 2015, p.385-393

368 PAPADOPOULOS I., GARAPON A., *Juger en Amérique et en France*, Paris, Odile Jacob, 2003, p. 123-125

369 *Ibid.* p. 138

370 DREAN-RIVETTE I., *op. cit.*, p. 228

jurisprudentielle. Le raisonnement juridique est de type inductif : on part de l'individu pour adopter et créer une solution. L'addition de cas d'espèce donne naissance à des précédents jurisprudentiels. La loi ne préexiste pas, elle est créée au fur et à mesure, en fonction des affaires qui se présentent à la justice. Le droit s'adapte au réel. Le mouvement est ascendant, du bas vers le haut, du cas d'espèce au droit. En d'autres termes, il s'agit d'une consécration juridique du cas d'espèce. Dans la mesure où l'empirisme consensuel règne en souverain absolu, la réception des disciplines extra-juridiques est plus aisée. Les neurosciences aussi s'inscrivent dans une démarche réflexive de type inductif. Sa rencontre avec le droit pénal issu des pays de *Common Law* est aisée, harmonieuse et homogène dans la mesure où les essais et les erreurs s'inscrivent pleinement dans l'une comme dans l'autre des matières. L'essence et la philosophie des deux disciplines ne sont pas discordantes. L'hybridation entre la loi et les neurosciences se fait de manière quasi naturelle.

En revanche, en France, le modèle procédural et le droit sont plutôt marqués par le catholicisme et le droit romain[371]. Le système est purement théorique et légaliste. Le droit est essentiellement codifié et le juge se base sur un raisonnement déductif. En effet, par opposition à la *Common Law*, le mouvement est descendant et non plus ascendant. On cherche à rattacher les faits à une catégorie juridique préexistante par le biais de la qualification. C'est le réel qui s'adapte à la règle de droit et non l'inverse. La loi prédomine. Dans ces conditions, l'émergence et la consécration d'un neurodroit semblent illusoires puisque cela reviendrait à donner la primauté aux neurosciences sur le Droit ou au moins à leur conférer une position équivalente. Cela contreviendrait à la fonction symbolique du droit pénal telle

---

371 *Ibid.* p. 230

qu'elle existe en France, où la loi a, et continuera d'avoir, la primeur.

D'un point de vue terminologique et visuel, la construction de *neurodroit* et *neurolaw* est révélatrice. L'adjonction du préfixe « neuro- » ne pose pas de problème devant le terme « *law* » puisque, dans le système de *Common Law*, la loi ne prime pas sur les disciplines connexes. Par opposition, en droit français le même constat n'est pas possible. « Neuro » doit nécessairement se placer à la suite du mot « droit » pour respecter les fondements du système juridique. Il pourrait tout au plus s'agir d'un droit des neurosciences, ce qui change complètement le sens de la notion. Nous l'avons compris, si le neurodroit émerge, il s'accompagnera nécessairement d'une modulation de notre système juridique... D'ailleurs, ces modulations ne seraient pas le seul changement induit par la rencontre de ces deux matières couplées avec les récentes découvertes neuroscientifiques...

§ 2 L'influence certaine des neurosciences sur les fondements du droit pénal

Les neurosciences s'inscrivent dans une perspective naturaliste qui est susceptible d'impacter la rationalité du droit pénal (A), et de conduire à un néo-déterminisme : le neuro-déterminisme (B).

A. L'influence du naturalisme sur la rationalité du droit pénal

Le naturalisme est avant tout un mouvement philosophique. C'est une conception selon laquelle tout ce qui existe ne peut pas comporter de causes, d'explications et de finalités autres que naturelles. Il s'agit alors d'une théorie, plutôt métaphysique, qui privilégie l'explication mécaniste des phénomènes c'est-à-dire que tout peut se comprendre par des causes ou des lois naturelles. L'univers, appelé cosmos, serait alors comparable à une vaste machine, à un organisme géant compréhensible à l'aide des lois issues des sciences naturelles. L'Homme, en tant que produit de la nature, est considéré comme un microcosme régi par les mêmes lois. Cette thèse remonte à l'Antiquité mais est plus que jamais d'actualité depuis l'avènement des neurosciences qui s'inscrivent pleinement dans ce courant de pensée[372] qui se transmute alors vers le « neuronaturalisme ». L'« Homme machine » de La Mettrie[373] a cédé sa place à « l'Homme neuronal » de Jean-Pierre Changeux[374]. À l'inverse, « le droit ne décrit pas des processus naturels, [il] formule des catégories artificielles ainsi que des critères permettant de les appliquer »[375]. L'entreprise de naturalisation des neurosciences se heurte donc au rationalisme du droit pénal ce qui n'est pas sans conséquences.

Descartes et Spinoza s'opposaient déjà sur la question des interactions du corps et de l'esprit. Le premier prônait la dualité, d'où la célèbre formulation de « dualisme cartésien »[376]. Selon lui, il existerait une substance spirituelle et une substance corporelle dont le passage de l'une à l'autre était assuré par la glande pinéale (plus connue sous le nom d'épiphyse). Spinoza était, quant à lui, plutôt favorable à une unité assimilant le cerveau à l'esprit[377]. Les neurosciences synthétisent ces deux approches en soutenant que tous les états mentaux ont un versant biologique et ont pour ambition de trouver « les voies de passage du niveau

---

372 KOESSLER L., *loc. cit.*

373 Publié en 1748

374 CHANGEUX J.P., *L'homme neuronal*, Paris, Fayard, coll. Pluriel, 2012 (rééd. 1985)

375 CLICHE D., « Droit, neurosciences et responsabilité : critique d'une thèse réformiste », *Phares*, vol. 13, n° hiver 2013, p. 82

376 Descartes R., *L'Homme*, Paris, Charles Angot, 1664 (ouvrage de référence) ; Damiaso A., *L'erreur de Descartes*, Paris, Odile Jacob, 1995, p. 12

377 SPINOZA, *L'éthique IV*, 1677

moléculaire au niveau cognitif »[378], à l'instar de Descartes et de sa théorie sur la glande pinéale.

Dès 1890, Charles Letourneau s'interroge sur les origines du sentiment juridique. Edward Wilson tentera par la suite de déterminer les origines biologiques du bien et du mal[379]. Plus tard, les neurosciences se sont penchées sur la question de savoir si l'anthropologie juridique, plus particulièrement pénale, pouvait avoir une base biologique. Une telle entreprise n'est pas si aisée. Naturaliser le droit pénal ne va pas de soi lorsque l'on sait que c'est une discipline à la fois fondatrice et fondée par une culture... . Les expérimentations portent sur la recherche des facteurs et des structures neurobiologiques à l'origine du comportement légal et de l'obéissance à la loi[380]. Ces recherches ont le mérite de se focaliser sur le versant moral et non pas conventionnel de ces comportements ce qui conduit à faire disparaître les différences existantes entre les systèmes juridiques. Ainsi se profile l'éventualité d'une compréhension de ce qu'il y a de réellement universel dans le droit pénal, et plus généralement dans le droit dans sa globalité. Ce qui n'est pas sans rappeler le *jus naturale*, autrement appelé droit naturel étudié par Grotius. Plusieurs définitions sont possibles mais la plus pertinente caractérise le droit naturel comme « l'ensemble de droits que chaque individu possède du fait de son appartenance à l'humanité »[381] et qui a pour objectif de « créer une norme qui échappe aux fluctuations de l'histoire et des mœurs [évitant ainsi] l'arbitraire du jugement humain »[382]. Dès lors, la naturalisation du droit pénal ne doit

---

378 LARRIEU P., « Neurosciences et théorie générale du droit – Enjeux éthiques », *in* LARRIEU P., ROULLET B., GAVAGHAN C. (sous la dir. de), *op. cit.*, p. 65

379 Notamment à travers l'expérience du paradoxe de l'altruisme et la théorie des jeux

380 SACCO R., *Anthropologie juridique*, Paris, Dalloz, 2008, p. 21

381 GUINCHARD S., DEBARD T. (sous la dir. de), *op. cit.*, p. 355

382 *Ibidem*

pas être source de craintes puisqu'elle tend à fédérer les cultures juridiques autour d'un noyau de principes communs pouvant déboucher sur la concrétisation d'un authentique droit pénal naturel ou plus généralement d' « un droit commun de l'Humanité »[383].

À l'inverse de la naturalisation du droit pénal lui-même, la naturalisation de l'Homme en tant que tel mérite d'être redoutée. Elle influence directement le droit pénal qui place l'Homme, et la protection de la société qu'il compose, au cœur de ses préoccupations. En plus de brouiller la distinction nature/culture[384], le neuronaturalisme prétend pouvoir réduire le comportement humain aux phénomènes neurobiologiques et neuroanatomiques du cerveau. Réduire l'Homme à son cerveau c'est voir le risque qu'une justice pénale complètement standardisée et déshumanisée se développe... Même les processus neuronaux impliqués dans le jugement de la détermination de la culpabilité et de la responsabilité ont fait l'objet d'études qui ont pu conduire à leur éventuelle identification. Un stimulus électrique provoqué dans une zone située juste au-dessus de l'oreille droite[385] rendrait celui qui l'a subi plus enclin à l'indulgence dans le jugement[386]. Ces découvertes pourraient d'ailleurs être perçues comme du pain bénit pour les avocats qui pourraient orienter leurs plaidoiries à partir des considérations neuroscientifiques relatives à la prise de décision pour les rendre plus efficaces. Ce ne serait plus un homme qu'il faut persuader, mais un cerveau qu'il faut convaincre...

---

383 DELMAS-MARTY M., *Vers un droit commun de l'Humanité*, 2e éd., Paris, Seuil, 2005

384 BASCHETTI R., « Genetic evidence that Darwin was right about criminality : Nature, not nuture", *Medical Hypotheses*, 2008, p. 70

385 SORDINO M.C., « Neurosciences et droit pénal... », *op. cit.*, p. 207

386 *Ibidem*

Quelle serait alors la valeur que l'on pourrait accorder à une justice pénale confiée à des hommes (ou plutôt à des cerveaux) qui ne pourraient pas, selon le dogme neuronaturaliste, s'affranchir de ce que leur dictent leurs neurones ? *Quid* de l'intime conviction ? S'agit-il en réalité d'une neuroconviction ? Les fondements du droit pénal s'entrechoquent frontalement avec les postulats naturalistes. L'Homme, sujet de droit, risque d'être réifié, relégué au rang de simple machine neuronale qui ne représenterait qu'un « agrégat d'organes » désubstantialisé[387]. Si l'Homme est réduit à son activité cérébrale, que reste-t-il d'humain en lui si ce n'est son cerveau ? La dignité humaine doit-elle se réduire au rang de dignité cérébrale? Les neurosciences peuvent potentiellement changer la vision que l'on a de l'Homme et du monde et donc avoir une conséquence sur les disciplines sociales telles que le droit pénal. C'est d'autant plus vrai lorsque l'on sait que du naturalisme découle le déterminisme (B).

B. La disparition du libre arbitre, conséquence d'un neuro-déterminisme

Le débat entre les tenants du libre arbitre et ceux du déterminisme est loin d'être nouveau. Même s'il n'a jamais été clos, il est aujourd'hui fortement réactivé suite aux multiples découvertes neuroscientifiques. Selon le postulat du déterminisme, soutenu par Spinoza et d'autres après lui, l'Homme, et plus particulièrement son esprit, ne serait qu'un « automate spirituel »[388]. Il serait alors conditionné et intégralement déterminé par des phénomènes antécédents. Les actions humaines s'intégreraient dans une relation de cause à effet. En ce sens, elles peuvent être qualifiées de « nécessaires » dans le sens où il est impossible qu'elles aient

387 QUIN A., « Sciences, neurosciences et conception de l'Homme », *in* LARRIEU P., ROULLET B., GAVAGHAN C. (sous la dir. de),*op. cit.*, p. 21

388 SPINOZA, *L'éthique IV*, 1677, proposition 68

pu être autrement[389]. Cette thèse prolongeant le naturalisme ne laisse aucune place à la liberté et s'oppose en tout point à la pensée du libre arbitre, si chère au droit pénal. Le libre arbitre est la faculté de se déterminer et non pas d'être déterminé. Le sujet doué de cette capacité a le pouvoir absolu de choisir, ce qui sous-entend qu'il est lui-même à l'origine de ses actes. L'Homme libre pense et agit seul sans qu'aucune force n'ait d'emprise sur lui. Mais, le libre arbitre existe-t-il vraiment ? C'est ce que les neurosciences ont cherché à analyser. Les troublants résultats obtenus méritent qu'on s'y intéresse puisqu'ils apparaissent comme niant la possibilité d'existence du libre arbitre, concept fondamental sur lequel repose le droit pénal.

En neurologie, de façon schématique, le libre arbitre représente une action volontaire qui s'oppose au réflexe. En 1973, Benjamin Libet réalise une expérience fondatrice[390] et décisive pour la recherche neurobiologique du libre arbitre. Il se focalise sur une donnée neurophysiologique particulière appelée le « potentiel de préparation », mesuré à l'aide de l'EEG[391]. Il s'agit d'une activité électrique du cortex prémoteur caractéristique de l'activation du système permettant le mouvement. Elle est enregistrée avant la période de contraction musculaire qui génère le mouvement. Libet met en relation ce potentiel avec la conscience dans le cadre du mouvement volontaire. Selon lui, si l'intention consciente de vouloir l'acte (*« free-will »*, libre arbitre) est à l'origine de l'action volontaire, elle doit nécessairement précéder ou coïncider avec le début du potentiel de

---

389 JEANNEROD M., « Neurosciences et responsabilité individuelle », *in* Centre d'analyse stratégique, Séminaire du 11 sept. 2012, Document de travail n° 2012-07, *Le cerveau et la loi : analyse de l'émergence du neurodroit*, p. 56-57

390 Libet B., « Time of conscious intention to act in relation to onset of cerebral activity (readiness-potential). The uncoiunscious initiation of freely voluntary act », *Brain*, n° 106, p. 623-642

391 JEANNEROD M., *loc. cit.*

préparation[392]. Dans cette expérience, les sujets étaient face à des interrupteurs sur lesquels Libet et son équipe leur avaient demandé d'appuyer quand bon leur semblait. Les résultats obtenus ont provoqué la surprise générale : le commencement de l'activité cérébrale précédant la prise de décision commence 350 millisecondes[393] avant le moment de la prise de décision consciente (appelée « *moment W* »). Aussi surprenant et déroutant que cela puisse paraître, notre cerveau prépare l'action sans même que nous soyons conscients de la vouloir … . Après un tel constat, comment cautionner l'existence du libre arbitre ?

Plus tard, des études plus perfectionnées[394] ont été réalisées grâce à l'IRMf. Dans l'appareil, il était demandé aux sujets d'appuyer au moment où ils le désiraient sur l'un ou l'autre des boutons qu'ils tenaient dans chacune de leurs mains. En réalité, l'action cérébrale se produit sept à dix secondes avant la prise de conscience de la vouloir. Plus édifiant encore, cette expérience permet, dans certaines limites, d'anticiper et de prévoir le bouton choisi par le sujet[395]. Cependant, selon Desmurget et ses collaborateurs[396], le cortex pré-moteur permet seulement de réaliser le mouvement. Le siège de la conscience de les réaliser résiderait plutôt dans le cortex pariétal ce qui peut expliquer que l'activation cérébrale et la conscience de la volonté de l'action ne coïncident pas sur le plan temporel. La théorie du déterminisme semble être validée ou tout du moins trouver du crédit grâce aux résultats obtenus par les chercheurs en neurosciences.

---

392 *Ibidem*

393 *Ibid.* p. 59

394 Haynes J.D. et al, « Reading hidden intentions in the human brain », *Current biology*, 2007, n° 17, p. 323-330

395 Larrieu P., *op. cit.*, p. 194

396 Jeannerod M., *op. cit.*, p. 59

Pour autant, l'hypothèse déterministe n'est pas forcément confirmée. Au « *free will* » s'oppose le « *free won't* »[397] c'est-à-dire qu'en plus de la liberté de vouloir, il existerait son versant négatif qui est la liberté de ne pas vouloir. Si la préparation des actes est inconsciente, lorsque l'information accède au conscient, le sujet peut toujours exercer un droit de *veto* sur cette activité cérébrale préétablie et ne pas l'exercer physiquement. Ainsi, les données des expériences de Libet et la théorie du libre arbitre peuvent continuer d'exister sous le concept de « liberté surveillée » ou de « liberté sous contrôle »[398]. Mais, selon nous, si l'on pousse la réflexion à son maximum, il faut savoir d'où vient le « *free won't* » pour qu'une telle hypothèse ne soit pas discréditée. En effet, si un potentiel d'action précède la conscience du mouvement de vouloir, pourquoi n'en serait-il pas de même pour la liberté de ne pas vouloir ? Dans ce cas, le « *free won't* » est lui aussi d'origine inconsciente ce qui conduit à un déterminisme cérébral affirmé.

Mais, la plasticité cérébrale vient au secours du libre arbitre. En effet, le cerveau est capable de se moduler, de se façonner en tenant compte des informations extérieures liées à l'environnement. Cependant, si on considère cette propriété comme inhérente au cerveau, elle est donc explicable par la biologie. Le cerveau serait alors déterminé pour se modifier et évoluer en fonction de divers paramètres. Le naturalisme refait surface suivi de près par le déterminisme. L'existence d'une conscience morale pourrait alors être l'ultime sauveteur du libre arbitre puisque, depuis l'avènement des neurosciences, personne n'a réussi à valider d'hypothèses sur sa nature biologique... mais au vu de la

---

397 *Ibid.* p. 64

398 *Ibid.* p. 63

presse scientifique, cela ne saurait tarder[399]. Ainsi, les neurosciences semblent ruiner la possibilité de l'existence du libre arbitre. Elles démontrent et cautionnent un neuro-déterminisme.

Le droit pénal peut-il s'accommoder d'un tel néo-déterminisme alors même que ses fondements reposent sur l'idée de libre arbitre, de liberté de vouloir et d'autonomie de la volonté ? Un droit pénal affranchi du libre arbitre soulève de nombreuses interrogations et laisse entrevoir la possibilité d'importants bouleversements.

Section 2. L'alliance des neurosciences et du droit pénal, un changement de paradigme dangereux

L'infiltration des neurosciences dans le monde juridique ne se fera pas sans laisser de traces sur le droit pénal. La tentation de juger un cerveau plutôt qu'un Homme serait grande (§ 1), tout comme l'illusion de parvenir à une justice « parfaite » (§ 2).

§ 1. Du jugement de l'Homme à celui de son cerveau

Si l'Homme est réductible à son cerveau qui est biologiquement déterminé, le concept de responsabilité pénale n'est plus cohérent (A) ce qui induit la nécessité d'appréhender la peine autrement (B).

---

399 Jaliniere I., « Un neurone géant déterminant dans l'émergence de la conscience ? », *Sciences et Avenir* [en ligne], mis en ligne le 5 mars 2017, consulté le 5 mars 2017.
URL : https://www.sciencesetavenir.fr/sante/cerveau-et-psy/un-neurone-geant-determinant-dans-l-emergence-de-la-conscience_111033

A. Le concept de responsabilité malmené

En droit pénal français, « responsabilité » et « libre arbitre » sont étroitement liés voire même quasi indissociables. Le libre arbitre est la condition nécessaire de la responsabilité, qui, inversement, est sa conséquence obligatoire[400]. La responsabilité pénale peut se définir comme « l'obligation de répondre de ses actes délictueux en subissant une sanction pénale »[401]. En France, la responsabilité est personnelle puisque « nul n'est pénalement responsable que de son propre fait »[402]. Le droit pénal perçoit l'Homme comme un être libre doué de raison. C'est pourquoi il peut, et surtout doit, être responsable de ses actes. Il est difficile de concevoir que l'Homme puisse être responsable si ses actes sont entièrement déterminés et conditionnés sur le plan neuronal. Comme il a déjà été précisé, pour être responsable, il faut que l'infraction puisse être mise sur le compte de son auteur (imputabilité) et qu'il ait commis une faute, qu'elle soit intentionnelle ou non intentionnelle (culpabilité). Il convient de s'attarder sur chacune de ces composantes afin d'évaluer comment les neurosciences peuvent les impacter.

L'imputabilité suppose la réunion de deux impératifs : être libre et être capable de discernement. Autrement dit, il faut agir avec intelligence et volonté. Les malades mentaux[403], les très jeunes enfants[404] ne sont pas capables de discernement donc pas responsables. Mais, qu'est-ce que le discernement ? Il s'agit de la capacité à distinguer clairement et distinctement les choses. Dans une vision manichéenne, c'est la capacité à faire la différence entre le bien et le mal.

---

400 JEANNEROD M., *op. cit.*, p. 60

401 GUINCHARD S., DEBARD T. (sous la dir. de), *op. cit.*, p. 804

402 Art. 121-21 du C. pén.

403 Art. 122-1 du C. pén.

404 Art. 122-8 a contrario : irresponsabilité de l'*infans.*

Les malades mentaux agissent sous l'emprise d'un trouble psychique ou neuropsychique ayant aboli leur discernement, c'est pour cela qu'ils sont irresponsables. Dans le même ordre d'idées, agir sous l'emprise d'un déterminisme cérébral conduirait à la même conclusion. Cependant, c'est sur le terrain de la contrainte que le neurodéterminisme exerce sa plus grande influence.

L'article 122-2 du Code pénal dispose que « n'est pas pénalement responsable la personne qui a agi sous l'empire d'une force ou d'une contrainte à laquelle elle n'a pu résister ». La contrainte définie par le droit pénal peut être comparée à la force majeure du droit civil. Pour être responsable, l'auteur doit avoir agi librement. La contrainte peut être physique ou morale. Dans ce dernier cas, il s'agit d'une pression exercée sur la volonté de l'auteur qui le pousse à agir par obligation et non par choix. Outre le fait d'être irrésistible, elle ne peut être qu'externe. La jurisprudence s'est toujours montrée hostile à admettre une irresponsabilité pour cause de contrainte morale interne inhérente à l'auteur qui commettrait un acte délictueux sous l'effet de la passion ou de la pulsion[405]. Par ailleurs, la contrainte physique, sous réserve d'être irrésistible et de ne pas résulter d'une faute antérieure, peut aussi bien être interne qu'externe. C'est dans le cadre de la contrainte physique d'origine interne que le neurodéterminisme absolu pourrait jouer comme cause d'irresponsabilité. En effet, puisqu'il n'est censé exister ni de « *free will* » ni de « *free won't* », l'auteur est contraint d'agir sous l'influence de son activité cérébrale inconsciente. Par conséquent, il peut être tenu comme irresponsable. Tous les individus étant neurobiologiquement déterminés, plus aucune infraction ne peut être imputée à personne. En définitive, la responsabilité pénale n'a plus aucun sens, l'irresponsabilité devient le

405 Cass. Crim., 11 avril 1908 : DP 1908.1.261, rapp. Mercier ; S. 1909.1.473 note Roux

principe. Il est même possible de dire le principe absolu puisque dans ce cas, il ne souffre d'aucune exception.

Aussi, dans le cadre de la faute pénale intentionnelle[406] qui nécessite la preuve d'un *dol*, le neurodéterminisme paralyse la condition de la volonté d'accomplir l'acte malgré la connaissance de son illicéité. Il n'y a pas de volonté sans liberté. Seule la faute non intentionnelle reste théoriquement concevable mais la condition d'imputabilité ferait aussi défaut sur la base de la contrainte. Toutes ces observations laissent à penser que l'élément moral de l'infraction, *mens rea*, pourrait être abandonné conduisant à ne plus rendre la justice sur le fondement de la faute morale mais uniquement sur les conséquences de l'acte. Ce type de responsabilité est bien connu du droit civil qui consacre déjà la responsabilité objective ou sans faute. L'imputation serait uniquement matérielle[407], faisant renaître de ses cendres la fameuse catégorie des délits matériels disparue avec l'entrée en vigueur du Code pénal de 1992. L'expression « il n'y a point de crime ou de délit sans intention de le commettre »[408] ainsi que la décision du Conseil constitutionnel affirmant que « la culpabilité ne saurait résulter de la seule imputation matérielle d'actes pénalement sanctionnés »[409] seraient rendues obsolètes par les conséquences du neuro-déterminisme sur le concept de responsabilité pénale. La responsabilité pénale subjective serait objectivée par les neurosciences. Cette analyse est dangereuse puisqu'elle manque de nuances et que tous les sujets de droit pourraient être considérés comme responsables sur un même plan. *Quid* des malades mentaux ou des très jeunes enfants ? Ils deviendraient assurément responsables brouillant ainsi un

406 Art. 121-3 al. 1 du C. pén.

407 Comme c'est déjà le cas pour les contraventions : art. 121-3 al. 4 du C. pén. *a contrario*

408 Art. 121-3 al. 1 du C. pén.

409 Cons. Const., n° 99-411 DC, 16 juin 1999

système que le droit a mis plusieurs dizaines d'années à construire. Ce que le droit a fait, les neurosciences le défont.

Certains auteurs, comme Bernard Baertschi[410], défendent la théorie compatibiliste selon laquelle la liberté peut tout de même exister face au neurodéterminisme. D'après eux, le libre arbitre relève de considérations purement métaphysiques et philosophiques et la question de savoir s'il existe ou non ne doit pas avoir d'impact sur le droit pénal, et encore moins sur la notion de responsabilité. Croire au libre arbitre est indispensable puisqu'il est au cœur de notre culture juridique. Même dans le cas où il ne s'agirait que d'une illusion, elle est nécessaire car elle contribue à responsabiliser l'être humain. Certaines études en psychologie ont montré que lorsqu'un individu se croît complètement déterminé, il a tendance à être plus agressif[411]. Le déterminisme cérébral devient alors une cause absolutoire des actes commis[412]. En ce sens, le libre arbitre pourrait rejoindre la catégorie des fictions juridiques[413], c'est-à-dire « un procédé de technique juridique permettant de considérer comme existante une situation manifestement contraire à la réalité [et qui] permet de déduire des conséquences juridiques différentes de celles qui résulteraient de la simple constatation des faits »[414]. Dans ce cas, neurosciences et droit pénal pourraient coexister puisque leur définition de la responsabilité demeurerait

---

410 BAERTSCHI B., *La neuroéthique, ce qui les neurosciences font à nos conceptions morales*, Paris, La Découverte, 2009, p. 61 et PROUST J., « A neurophilosophical viewpoint », *Arch. philo. du droit*, 2012, t. 55, p. 79-86

411 GAZZANIGA M., *Le libre arbitre et la science du cerveau*, Paris, Odile Jacob, 2011, p. 167-168

412 LARRIEU P., *Neurosciences et droit pénal...*, *op. cit.*, p. 205

413 *Ibid.* p. 203

414 GUINCHARD S., DEBARD T. (sous la dir. de), *op. cit.*, p. 423

différente[415]. Cette dernière doit être comprise dans son sens premier c'est-à-dire la capacité à « répondre de » et non pas comme la capacité « à être coupable ».

La liberté, essence de l'Homme raisonnable figure emblématique du droit pénal, doit être sauvegardée. Pour vivre ensemble, dans une société où le droit joue son rôle de régulateur, le mythe de la liberté doit continuer à exister, ainsi il est possible de faire écho à Francis Picabia qui soutenait : « il n'y a qu'une chose de presque absolue, c'est le libre arbitre ». . Sinon, la responsabilité pénale changerait de nature et aurait pour fondement unique la protection du groupe social[416]. D'autres vont encore plus loin en affirmant que la notion de culpabilité devient sans intérêt depuis les découvertes initiées par les neurosciences. Ainsi, ils considèrent que c'est un « terme passéiste »[417] et qu'il convient d'abandonner l'idée de responsabilité pour rendre la justice sur la base exclusive de considérations différentes comme la remise en l'état, l'indemnisation de la victime ou la protection de la société[418]. Dans ce cas, le triomphe du déterminisme sur le libre arbitre pourrait influencer la philosophie de la peine.

B. La philosophie de la peine repensée

L'hétérogénéité et la conception plurielle des fonctions de la peine témoignent de la pluralité d'objectifs qu'elle poursuit. Les différentes fonctions, qui peuvent paraître en opposition voire en contradiction, ne sont pas totalement

---

415 GALLAND D. et al., « Comparaison du concept de responsabilité en neurosciences et en droit pénal : une revue croisée de littérature pour l'expertise psychiatrique », *Presse Médicale* [en ligne], 2016, consulté le 02 avril 2017. URL : http://dx.doi.org/10.1016/j.lpm.2016.03.018

416 SORDINO M.C., « Neurosciences et droit pénal : des connexions dangereuses ? », *op. cit.*, p. 179

417 EAGLEMAN D., *op. cit.*, p. 42

418 SORDINO M.C., « Neurosciences et droit pénal : des connexions dangereuses ? », *op. cit.*, p. 190-191

irréductibles et entretiennent un dialogue constant[419]. Il faut distinguer les fonctions de la peine de ses fondements, de ses objectifs et de ses effets. La première notion se situe à la croisée des trois autres mais ne peut pas y être assimilée dans le sens où elle ne fixe pas un idéal poursuivi (contrairement à la finalité) mais se réfère à un rôle effectif, caractéristique, essentiel et adapté de la peine[420]. Quatre grandes fonctions peuvent être assignées à la peine. Classiquement, elle a une visée préventive, rétributive, socio-pédagogique ou réparatrice. Dans le cadre de cette étude, seules les deux premières présentent un intérêt et méritent d'être développées pour savoir quelles pourraient être les conséquences du neurodéterminisme sur la façon de (re)penser la peine.

La conception rétributive de la peine est ancienne. Elle a été promue par Kant et Hegel. Dérivée de la vengeance privée, elle sous-tend l'idée que le criminel doit subir une peine juste et proportionnée au mal commis. En d'autres termes, elle repose sur le fait que le mal appelle le mal. En ce sens, la rétribution est exclusivement tournée vers le passé, comme le laisse transparaître sa traduction littérale qui signifie « attribuer en retour ». Les peines afflictives et infamantes s'inscrivent dans cette fonction. Les philosophes soutiennent que la souffrance infligée peut avoir une vertu expiatoire et atténuer le sentiment de culpabilité de l'auteur conduisant ainsi à son apaisement lui-même source indirecte de resocialisation. En ce sens, la rétribution serait un gage de réinsertion, si ce n'est le plus efficace[421]. Cette fonction se rattache partiellement à celle de réparation à travers le sentiment universellement partagé que le délinquant « doit

---

419 VAN DE KERCHOVE M., « Les fonctions de la sanction pénale. Entre droit et philosophie », *Informations sociales*, vol. 127, n° 7, 2005, p. 22-31

420 *Ibidem*

421 FOESSEL M., « Penser la peine. Contrainte et crime dans les Principes de la philosophie du droit de Hegel », *Revue de métaphysique et de morale*, vol. 40, n°. 4, 2003, p. 529-542

payer pour son crime ». Cependant, ces deux fonctions diffèrent par leur fondement : la rétribution repose sur la faute tandis que la réparation est induite par le dommage[422].

Selon Hegel, « l'affliction qu'on impose au criminel n'est pas seulement juste en soi, [...] elle est aussi l'être de sa volonté, une manière d'exister de sa liberté [...]. Elle est un droit par rapport au criminel lui-même [qui est] honoré en tant qu'être raisonnable »[423]. La fonction rétributive suppose donc que l'auteur soit doué du libre arbitre : le délinquant mérite sa peine car il a choisi d'agir de la sorte et a par conséquent accepté préventivement d'assumer les conséquences de ses actes. Les neurosciences et le déterminisme qu'elles induisent paralysent la faute morale. Or, la rétribution repose exclusivement sur l'idée de la faute... En définitive, les neurosciences dénuent la rétribution de fondement et peuvent conduire à son abandon[424]. Mais, en droit pénal, la responsabilité ne repose pas uniquement sur la faute morale, elle repose aussi sur les conséquences de l'acte. Dans ce cas, l'aspect moral est relégué à l'arrière-plan et la peine s'inscrit plutôt dans le courant de pensée utilitariste. Des auteurs tels que Joshua Greene et Jonathan Cohen[425], affirment alors que les neurosciences conduiront nécessairement à l'abandon de la rétribution au profit d'une conception purement utilitariste de la peine.

L'utilitarisme est une doctrine[426] qualifiée de « conséquentialiste » dans la mesure où elle évalue l'acte

---

422 VAN DE KERCHOVE M., *loc. cit.*

423 HEGEL G.W.F., *Principes de la philosophie du Droit*, Paris, Gallimard, 1989, p. 281

424 CLICHE D., *loc. cit.*

425 GREENE J., COHEN J., «For the law, neuroscience changes nothing and everything», *in Philosophical Transactions of the Royal Society B*, n° 359, 2004, p. 1775-1785

426 Soutenue par Jéremy BENTHAM et Cesare BECCARIA, entre autres

délictueux uniquement en fonction de ses conséquences, reléguant largement la dimension morale à l'arrière-plan. Elle s'oppose donc à la conception rétributive de la peine qui s'attache au mérite ou démérite du délinquant. Elle fait fi de la dimension morale pour ne s'attacher qu'à l'acte. Elle a pour objectif d'intimider à la fois le délinquant pour prévenir la récidive mais plus largement l'ensemble de la société pour dissuader la commission d'actes similaires et participer à la défense de la société. Elle s'appuie sur l'idée selon laquelle le mal infligé au délinquant ne doit pas excéder ce qui est nécessaire. La souffrance qu'elle permet de prévenir est supérieure à celle qu'elle inflige[427]. Si cette philosophie tendait à se substituer complètement à la rétribution, le juge pénal n'aurait plus à se poser la question de savoir si l'accusé était responsable, il se concentrerait uniquement sur l'effet dissuasif de la condamnation[428]. Ainsi, la fonction de prévention attachée à l'idée de protection de la société deviendrait prépondérante. D'ailleurs, l'influence potentielle des neurosciences sur les concepts de peine et de responsabilité ne ferait qu'acter une tendance déjà bien affirmée vers la primauté de la conception utilitariste de la peine. En effet, le déclin du binôme responsabilité/peine au profit du duo dangerosité/mesures de sûreté ainsi que la place croissante accordée à la victime et les nécessités de défense de la société qui transparaissent au fur et à mesure des réformes, conduisent à se focaliser sur les conséquences de l'acte et à laisser de côté la dimension morale.

Cependant, l'abandon de la conception rétributive sous l'impulsion des neurosciences serait source de grands bouleversements pour le concept même de peine dont il faudrait revoir la définition. Actuellement, comme il a déjà

---

427 VAN DE KERCHOVE M., *loc. cit.*

428 COVA F., « Neurosciences et droit pénal : le déterminisme peut-il sauver la conception utilitariste de la peine ? », *Klesis-Philosophie analytique du droit*, 2011 p. 32-76

été expliqué, la peine est « une sanction punitive [...] infligée à l'auteur d'une infraction en rétribution de la faute [qu'il a] commise »[429]. Cette définition serait nécessairement caduque et abandonnée au profit d'une autre exclusivement centrée sur la conséquence des actes et sans référence à l'idée de rétribution. Mais, s'en tenir aux seuls impacts du comportement délictueux pour envisager la sanction est problématique puisque cela conduirait à une sorte d'automaticité de la sanction qui elle-même contribuerait à déshumaniser le droit pénal et à affaiblir le principe de personnalisation de la peine. Le neurodéterminisme est incompatible avec l'*intuitu personae* de la justice pénale. Cela nuirait également au fondement même de la philosophie du droit pénal qui repose sur la possibilité que le condamné a de s'amender pour mieux se réinsérer. Selon Peggy Larrieu, cela pourrait même conduire à une véritable régression « au temps des sociétés archaïques [dans lesquelles] les procès à l'encontre des animaux et des choses inanimées étaient monnaie courante »[430]. Dans cette situation extrême, l'Homme serait réduit à la condition d'objet ou d'animal.

Par ailleurs, si aucun type de responsabilités n'est conservé et que la justice est rendue sur la base de considérations différentes, le risque est grand de voir toutes les peines s'apparenter à des mesures de sûreté, exclusivement tournées vers l'avenir et destinées à protéger la société sans référence aucune à la culpabilité ou à la punition. En ce sens, les neuroscientifiques signeraient le certificat de décès de la peine en même temps quel celui de la responsabilité.

Quoi qu'il en soit, le fait de juger et de punir un cerveau plutôt qu'un Homme est on ne peut plus problématique pour les concepts du droit pénal. Tout acte trouverait une

---

429 Guinchard S., Debard T. (sous la dir. de), *op. cit.*, p. 666-667

430 Larrieu P., *Neurosciences et droit pénal..., op. cit.*, p. 197

absolution dans le neurodéterminisme. L'Homme neuronal serait alors déresponsabilisé et sa (re)naissance ferait disparaître la figure de l'Homme raisonnable, sujet central du droit pénal. Une telle issue ne doit absolument pas être envisagée sous peine de détruire le tissu social. C'est d'ailleurs au nom de la liberté morale et de la faculté que tout à chacun a de s'amender que le positivisme scientifique assimilant le droit à la science, a été contenu et rejeté[431]. À l'heure où grandit le besoin de transparence et où les neurosciences ouvrent la perspective de comprendre biologiquement le comportement humain, il est plus que jamais nécessaire de ne pas céder à la tentation du positivisme neuroscientifique qui induirait une confusion regrettable voire dangereuse sur le plan des choix de la politique pénale et de la conception de la Justice.

§ 2. Le glissement progressif vers une justice transparente et utopiste

Les neurosciences représentent des enjeux de grande ampleur pour les politiques publiques. L'illusion de la transparence sur la complexité du comportement humain pourrait séduire le législateur laissant ainsi la porte ouverte à une politique pénale prophylactique basée sur la prévention du risque (A) dont la médecine sécuritaire serait le bras droit (B).

A. Le spectre d'une justice prophylactique

Philip K. Dick était-il visionnaire ? La nouvelle *The Minority Report* publiée en 1956 le laisse penser puisque le récit semble peu à peu quitter le domaine de la science-fiction pour se fondre dans la réalité. Dans son œuvre, cet auteur avait imaginé des êtres surnaturels doués du don de

---

431 MUCHIELLI L., « Criminologie, hygiénisme et eugénisme en France (1870-1914) : débats médicaux sur les criminels jugés incorrigibles », *Revue d'histoire des Sciences humaines*, 2003, p. 57-58

précognition c'est-à-dire la capacité à anticiper des événements bien avant leur survenance. Ces derniers sont de ce fait baptisés les « précogs » et ils ont pour mission d'informer les services de police de tous les crimes en passe de se commettre pour faciliter une arrestation avant le passage à l'acte délictueux. Aux États-Unis, des logiciels de police prédictive existent déjà, notamment en Californie[432]. Ils sont basés sur des statistiques criminelles censées pouvoir indiquer les zones recelant le plus de délinquants potentiels et qui nécessitent une sécurité renforcée. Si cette technique est un premier pas vers les « précogs », les neurosciences pourraient bien être leur aboutissement, dans une mesure limitée toutefois. En effet, comme nous l'avons déjà évoqué, les chercheurs en neurosciences établissent de plus en plus de corrélations entre les particularités anatomiques cérébrales, le fonctionnement neuronal et les comportements. En ce sens, elles laissent entrevoir la possibilité de les prédire. Dans une société allergique aux risques, animée par de politiques pénales de plus en plus sécuritaires, marquée par le sceau du « populisme pénal »[433], cette hypothèse entretient le mythe de la société utopique fondée sur le « risque zéro». Ces méthodes pourraient bien être utilisées par le législateur pour contenter les attentes d'une société « risquophobe » qui tend à le devenir de plus en plus à la mesure où les attentats frappent de manière aveugle sur l'ensemble du territoire européen...

De plus, les Institutions européennes sont loin d'être hermétiques à l'idée de prévention dont elles assurent souvent la promotion. Dans cette optique, la Cour européenne adopte une jurisprudence très controversée dans

---

432 BARTHELEMY P., La science qui veut prédire les crimes, *Le Monde* [en ligne], publié le 1er avril 2013, consulté le 12 mai 2017. URL : http://passeurdesciences.blog.lemonde.fr/tag/prediction-des-crimes

433 Il s'agit d'un discours politique qui appelle à punir au nom de la victime, SALAS D., *La Volonté de punir; essai sur le populisme pénal*, Paris, Hachette, coll. Pluriel, 2005

le domaine des aménagements de peine. Sur le fondement de l'article 2 de la CEDH, elle fait peser sur les États une obligation positive exagérée d'anticipation du risque de meurtres qui pourraient être commis par des individus bénéficiant de tels aménagements[434]. Le Parlement européen recommande même la mise en place de mesures de contrôle de la dangerosité dans le cadre des infractions sexuelles, alors même qu'elles sont fondées sur des mécanismes scientifiques d'évaluation à la fiabilité toute relative[435]. Sur le plan national, la montée en puissance des mesures de sûreté s'inscrit aussi dans ce cadre, tout comme les différentes tentatives avortées qui avaient vocation à imposer la détection des traits psychopathiques des jeunes enfants dans le milieu scolaire[436]. La pierre angulaire de ces politiques préventives est la notion de « dangerosité ». Notion qui paraît s'objectiver avec l'avènement des neurosciences qui tend à rendre possible la prédiction.

Les neurosciences, et plus particulièrement l'imagerie cérébrale, brisent la frontière osseuse et tissulaire entre l'individu et le regard de l'observateur. Ainsi, il est rendu transparent et l'accès à son *for* intérieur apparaît comme possible. Dans l'hypothèse où les neurosciences parviendraient à réussir l'exploit fantasmatique de lire dans les pensées, la prévention ne risquerait-elle pas de devenir trop précoce ? Il n'est pas impossible de penser que cela pourrait déboucher sur une sorte de « police des pensées » venant perturber le schéma classique de répression déterminé par l'*iter criminis*. En effet, pour prendre un exemple actuel, s'il était possible de lire dans les pensées d'un

434 CourEDH, *Mastromatteo c. Italie*, req. n° 37703/97, 24 oct. 2002 ; PARIZOT R., « Prévention du meurtre, la Cour européenne des droits de l'homme va-t-elle trop loin ? », *D.*, 2013, p. 188

435 Dir. 2011/92/UE, relative à la lutte contre les abus sexuels et l'exploitation sexuelle des enfants ainsi que la pédopornographie, 13 décembre 2011, JOUE L335 p. 14

436 ROULLET B., *op. cit.*, p. 139

terroriste présumé et que l'on y décelait le plan relatif à un projet d'attentat, nul doute que les pouvoirs publics seraient tentés de prendre à son encontre des mesures de sûreté exemplaires fondées sur sa dangerosité. Toutefois, si cela allait jusqu'à la punition, cela reviendrait à incriminer les pensées et donc à faire du droit pénal un outil autoritaire extrêmement dangereux pour les libertés individuelles

D'autre part, la corrélation entre invariants neuronaux et les comportements sociaux laisse présager un retour à la doctrine positiviste italienne[437] et à la naissance d'une sorte de « néo-phrénologie préventive »[438]. Cette dernière s'inscrit dans une logique de continuité du progrès scientifique, après l'étude de l'extérieur de la boîte crânienne, place à celle de ce qu'elle contient. D'ailleurs, l'état dangereux faisait partie intégrante de la thèse soutenue par Garofalo et Lombroso. Cette notion reposait sur un double postulat : l'existence d'un déterminisme dans le comportement criminel et la conception utilitariste de la sanction pénale[439]. Nous l'avons vu, les neurosciences peuvent potentiellement conduire à ces deux conditions. Dans ce cas, le retour à l'état dangereux et au contrôle social préventif serait acté et légitimé. Les neurosciences permettraient également d'établir une nomenclature des risques et des indicateurs de dangerosité à l'image de la table de prédiction des risques de récidive établie par les époux Glüeck[440]. Une telle entreprise conduirait à la création d'une catégorie intermédiaire entre le délinquant et le non-délinquant : le délinquant potentiel matérialisé sous les traits du « neuro-délinquant ». Cette dernière se heurterait avec le principe de présomption

---

437 ZAVATTA L., « Neurosciences as Revival on Lombroso's Theories », *Journal of Law and Criminal Justice*, 2015, vol. 3, no 1, p. 109-119

438 BAERTSCHI B., *op. cit.*, p. 147

439 *Ibidem*

440 SORDINO M.C., « Neurosciences et droit pénal, des connexions dangereuses ? », *op. cit.*, p. 199

d'innocence puisqu'à l'inverse, elle induirait une véritable présomption de culpabilité.

Outre le fait d'avoir une vertu thérapeutique pour la victime, le procès pénal cherche également à soigner l'auteur des faits de sa maladie : la délinquance. À l'image du médecin, le législateur cherche à curer la société de la délinquance qui est considérée comme le cancer de la société. Les politiques publiques cherchent à prévenir à le détecter au stade le plus précoce avant que les métastases se diffusent dans la société. Les neurosciences pourraient à terme participer à ce traitement préventif, voire même en être le détecteur le plus efficace. Cependant, si la prévention est « trop préventive », elle se confond avec la précaution[441]. Les neurosciences semblent cautionner ce changement de paradigme et acter le passage de la légalité à ce principe bien connu du droit civil mais totalement étranger à la sphère pénale. Son introduction n'est pas souhaitable et apparaît comme dangereuse puisqu'elle change la philosophie du droit pénal qui devient l'instrument au service du projet utopique d'élaboration d'une société aseptisée dénuée de tout risque. La faute et la responsabilité s'effacent derrière la notion de risque donnant naissance à une « société damocléenne »[442] uniquement basée sur des mécanismes assurantiels. Le rêve du « risque zéro » se transformerait alors en cauchemar puisqu'un véritable voile de suspicion serait jeté sur l'intégralité de la population. Les politiques pénales ne doivent pas céder à la tentation de la justice prophylactique et le législateur ne doit pas détourner ni extrapoler les apports des neurosciences à cette fin. Les chercheurs le rappellent souvent, si l'hypothèse du comportement biologiquement déterminé tend à se valider, il

441 FRANCOIS E. et al., *Le principe de précaution*. Paris, PUF, coll. Que sais-je ?, 2008, p. 29

442 MORIN E., *Au rythme du monde – Un demi-siècle d'articles dans le Monde*, Paris, Presses Chatelet, 2014 (expression extraite de l'article « L'ère damocléenne » paru le 22 sept. 1990)

demeure toujours indéterminable sur le plan social. Les résultats ne sont que de simples corrélations et les prendre pour argent comptant reviendrait à commettre une erreur injustifiée. Dans cette perspective, les neurosciences peuvent tout au plus servir de prétexte à une telle entreprise mais jamais une justification. Or, « le plus grand danger de la criminalité n'est pas la criminalité elle-même mais la lutte contre celle-ci [qui peut conduire] les sociétés à glisser sur la pente du totalitarisme »[443]. D'ailleurs, certains auteurs se demandent si l'avènement d'une justice prophylactique trouvant son corollaire dans la médecine sécuritaire n'aboutira pas à un véritable « totalitarisme de la santé »[444] auquel les neurosciences viendraient apporter leur caution.

B. Vers le renforcement de la médecine sécuritaire, l'apparition d'une « neuro-médecine criminelle » ?

Lorsque la Justice se prend à jouer les médecins, la médecine devient son infirmière. Cette dernière pourrait se mettre à son service dans le cadre d'un contrôle social basé sur les données issues des neurosciences. Ceci favoriserait la réactivation de l'approche médicale du crime et participerait à renforcer la confusion, déjà bien entamée, entre la peine et le soin. D'ailleurs, la notion de « dangerosité » assure déjà la jonction entre le droit pénal et le domaine médical.

Puisqu'il y aurait des particularités cérébrales liées à certains comportements, la délinquance s'analyserait comme une maladie qu'il est possible de soigner. Cette logique sécuritaire existe déjà à travers, par exemple, les injonctions de soins ou les obligations de soins dans lesquelles le médecin joue un rôle particulièrement important. Ainsi, la

---

443 CHRISTIE N., *L'industrie de la punition, prison et politique pénale en Occident*, Paris, Autrement, 2003, p. 12

444 GORI R., DEL VEGO M.J., *La santé totalitaire, Essai sur la médicalisation de l'existence*, Paris, Flammarion, 2009, p. 158 ; M.J., *La santé réaliste, augmentée ou totalitaire ?*, Paris, Bayard, 2014, p. 280

médecine aussi connaît un changement de paradigme en passant du sanitaire au sécuritaire[445]. Au lieu de soigner un malade, elle est missionnée dans le but de neutraliser un délinquant et désamorcer tout risque de récidive. Or, avec les neurosciences, ce processus pourrait connaître une accélération fulgurante puisque le passage à l'acte délictueux a tendance à être réduit à un déterminisme cérébral préconçu[446]. Les disciplines neuroscientifiques seraient alors à la fois considérées comme un moyen et comme une fin. En effet, grâce à la neuroimagerie il serait possible d'identifier « l'anomalie » que la neuropharmacologie ou la neurochirurgie viendrait « réparer »[447]. À travers ce constat, il est possible de voir que le délinquant serait une fois de plus réifié, assimilé à une machine susceptible de réfection. À ce titre, les auteurs de science-fiction ont encore fait preuve d'une anticipation surprenante notamment à travers le film *Orange Mécanique* de Stanley Kubrick (1971), adaptation cinématographique du roman d'Anthony Burgess[448]. La fameuse technique « Ludovico » censée « redresser » les pensées du jeune Alex, délinquant sexuel ultra-violent, fait un parallèle étonnant de réalisme avec ce que pourraient proposer les neurosciences à l'avenir. Ce constat saisissant doit inciter à la prudence plus qu'à la fascination.

Si les simples corrélations entre fonctionnement cérébral et comportement venaient à devenir des liens de causalité certains, directs et univoques, la tentation d'utilisation abusive de la neuropharmacologie et de la neurochirurgie serait grande. Il est désormais possible d'agir sur le cerveau pour moduler les comportements mais cela débouche sur

---

445 MOYANO O., « Le trouble des conduites : une médicalisation de la délinquance ? », *Les Cahiers Dynamiques*, vol. 36, n° 4, 2005, p. 4-7

446 CHNEIWEISS H., « Cerveau préservé, réparé, amélioré », *loc. cit.*

447 SACKUR J., « Les neurosciences cognitives, sciences naturelles de l'esprit : Révolution ou restauration ? », *Cités, 2014/4*, n° 60, p. 71-82

448 BURGESS A., *A Clockwork Orange,* William Heinemann, 1962 (tard. en français en 1972)

des problèmes éthiques considérables. D'ailleurs, donner une substance « *compliferante* »[449] ou utiliser la stimulation cérébrale transcrânienne ne rappelle-t-il pas une technique décriée déjà utilisée il y a bien longtemps par les psychiatres ? Le spectre de la lobotomie n'est pas loin et pourrait revivre sous les traits des neurosciences[450]. De plus, le sacro-saint principe du consentement aux soins ne suffirait certainement pas à freiner cette entreprise de contrôle social médical lorsque l'on sait à quel point il se révèle illusoire et contraint.

D'un autre point de vue, les neurosciences pourraient contribuer à la stigmatisation de certaines catégories de personnes ayant justement les particularités cérébrales définies comme étant à la source de comportements particulièrement propices au développement de la délinquance. Après les figures du monstre et du fou criminel de Michel Foucault[451], voici celle du neurodélinquant présentant des « anomalies » cérébrales. Les neurosciences pourraient alors participer et renforcer le processus de la « normalisation de la société » déjà décrit par Michel Foucault en son temps[452]. En effet, elles pourraient établir une frontière entre le « normal » et « l'anormal » avant d'être convoquées pour assurer le retour de ce dernier dans la première catégorie. Par la même occasion, l'anormalité se confondrait avec la pathologie dans la mesure où c'est la médecine qui a vocation à assurer le passage entre les groupes. L'éventuelle distinction très manichéenne entre le bien et le mal qui fonde nos sociétés pourrait ainsi se voir réduite à néant dans l'optique de la suppression du crime par voie médicale. Selon Elisabeth Roudinesco, la médicalisation du criminel contribue à effacer la noirceur de son acte en le

---

449 Qui annihile la volonté et permet un conformisme total aux ordres reçus citée par LARRIEU P., *loc. cit.*

450 JOHNSON J., *loc. cit.*

451 FOUCAULT M., *Les Anormaux*, Paris, Gallimard, 1999

452 *Ibidem*

considérant comme malade[453]. Quoi qu'il en soit, ce processus de normalisation conduirait nécessairement à exclure les « neuroanormaux » de la société sur le même modèle qu'ont pu l'être les malades mentaux par le passé, et encore plus ou moins à l'heure actuelle. Ceci signerait le retour à une politique pénale hygiéniste si ce n'est pas eugéniste couplée d'une euphémisation de la peine au profit des mesures de sûreté. La neuropharmacologie participerait à renforcer et à banaliser « la pacification chimique des comportements et des conflits sociaux »[454]. La peine cédant ainsi sa place à l'anesthésie dans le cadre de la « médecine du crime »[455].

À l'heure où les neurosciences quittent l'enceinte des laboratoires, il ne faut pas oublier les recommandations de Robert Badinter qui affirmait qu'il « ne fallait pas confondre justice et thérapie »[456] au risque de passer « d'une justice inquisitoire en robe noire à une justice exterminatrice en robe blanche »[457]. La prophylaxie criminelle « propose un syncrétisme ouvert à toutes les confusions disciplinaires »[458]. Le recours à un tel modèle n'est satisfaisant ni pour la justice ni pour la médecine qui, en confondant leur rôle mutuel,

---

453 ROUDINESCO E., « Les visages de la perversion », *L'information psychiatrique*, 2012, p. 5-6

454 ZARIFIAN E., *Des paradis plein la tête*, Paris, Odile Jacob, 2004 (rééd. 2000), p. 210

455 PORRET M., « Médecine du crime, médecine de l'âme », *Histoire & Sociétés*, vol. 2, n° 2, 1998, p. 121-126

456 SALLES A., « Robert Badinter : "Ne pas confondre justice et thérapie" », *Le Monde* [en ligne], mis en ligne le 8 sept. 2007, consulté le 4 mars 2017. URL : http://www.lemonde.fr/societe/article/2007/09/08/robert-badinter-ne-pas-confondre-justice-et-therapie_952825_3224.html

457 FOUCAULT M., *Surveiller et punir : naissance de la prison*, Paris, Gallimard, 1975, p. 87

458 RENNEVILLE M., « Quelle histoire pour la criminologie en France (1885-1939 », *Criminocorpus* [en ligne], Archives d'anthropologie criminelle, mis en ligne le 27 juin 2014, consulté le 5 mars 2017. URL : http://criminocorpus.revues.org/2752

perdent leur dimension humaniste au détriment de l'Homme qu'il y a derrière chaque délinquant. Il n'est alors pas souhaitable que les neurosciences se mettent au complet service de l'ordre public, au risque de voir une société orwellienne complètement aseptisée se développer. Or, un tel contrôle ne relève que de l'utopie et laisse évidemment place à toutes sortes de dérives eugénistes plus que jamais tangibles grâce au développement des neurosciences.

Conclusion

À l'heure où cette réflexion a été menée, il est encore impossible d'apporter une réponse précise et tranchée à la question de savoir si les neurosciences et le droit pénal sont susceptibles de s'articuler d'une manière satisfaisante à l'avenir. Tirer des conclusions trop hâtives serait contre-productif puisque la jeunesse des neurosciences ne permet pas encore d'apprécier toute l'étendue du champ des possibles. Une chose est certaine, à l'heure actuelle il est évident que l'émergence d'un neurodroit n'est pas souhaitable compte tenu du manque de fiabilité des méthodes. Mais plutôt qu'aujourd'hui, c'est vers demain qu'il faut se tourner et plus qu'une conclusion, c'est une mise en garde qu'il convient de réaliser. Cette analyse n'a pas pour ambition de constituer un prêt-à-penser sur la question, bien au contraire. Il ne s'agit que d'une réflexion personnelle et chacun doit se faire sa propre opinion sur la question. L'émergence d'un neurodroit constitue un choix sociétal c'est pourquoi le débat doit être ouvert afin que les décisions ne soient pas prises à la hâte et de manière aveugle.

À notre sens, il ne faut ni tomber dans un scepticisme absolu à l'égard des neurosciences en dressant un réquisitoire maladroit ou des objurgations injustifiées contre cette jeune discipline, ni succomber aux tentations scientistes, naturalistes et déterministes qu'elles induisent. En effet, à terme, elles seront susceptibles de devenir un véritable adjuvant pour le droit pénal. Mieux comprendre les comportements humains revient nécessairement à mieux rendre la justice en la rendant plus individualisée. Ce n'est pas parce qu'une science est nouvelle et que ses applications sont aujourd'hui contestables dans le cadre judiciaire qu'elles n'auront jamais vocation à y trouver leur place. Faut-il encore rappeler que les données génétiques ont elles aussi été très décriées avant de prendre une importance croissante dans le procès pénal ? La porte des prétoires ne doit pas leur être totalement close.

En revanche, il faut faire barrage à toutes possibilités d'instrumentalisation des neurosciences dans le cadre de politiques pénales sécuritaires et utopistes au risque de voir se restaurer d'anciennes théories pouvant conduire à la prophylaxie criminelle, véritable malédiction pour l'Homme et les droits fondamentaux. Chaque discipline doit rester à sa place et les valeurs de l'une ne doivent pas se substituer à celles de l'autre. Chacune a ses spécificités et c'est en reconnaissant le meilleur en chacune d'elles qu'une cohabitation efficace pourra être mise en place. Une confusion des genres serait regrettable et un trop grand excès de confiance dans les neurosciences traduirait le retour d'un *judicium Dei* sous les traits d'un *judicium « (neuro)scientium »*. Il est évident que l'introduction des neurosciences dans le droit soulève de nouvelles questions mais elle s'inscrit également dans une continuité de débats déjà ouverts et ne fait que les réactiver. C'est de la vision même que l'on a de l'Homme qui guide les débats. Les neurosciences ne doivent pas imposer celle de l'Homme neuronal déterminé au risque de voir programmée l'obsolescence de l'Homme libre doué de raison qui représente la figure emblématique du droit pénal. Ce dernier a besoin de fiction juridique, notamment celle du libre arbitre, pour assurer son rôle de gardien des valeurs et de guide des comportements. Face à la prétendue exactitude scientifique et dans une société où l'on cherche la performance et la transparence, ces mythes et fictions sont largement déconsidérés. Pourtant, la science aussi a recours à des postulats indémontrables pour pouvoir établir la connaissance. Ce que la fiction est au droit, l'axiome l'est à la science. Le juriste comme le scientifique doivent faire preuve de modestie, ne doivent pas se retrancher à tout prix derrière le progrès et doivent finalement admettre que leur science respective est imparfaite. Tout comme eux puisque l'imperfection est l'essence de l'Homme. L'acceptation de cette imperfection est un prérequis indispensable pour que la rencontre entre les neurosciences et le droit pénal puisse se faire de manière apaisée et que les risques de dérives soient limités. Accepter que le risque existe et que la justice n'est et ne sera jamais parfaite est fondamental. C'est vers l'optimisme et non vers la peur qu'il faut se tourner pour que la coexistence soit pacifique et de ce fait efficace. La peur n'est jamais bonne conseillère, il faut s'en détacher pour faire des choix éclairés D'ailleurs, le Doyen Carbonnier était visionnaire et avait affirmé que « la vie sociale serait invivable, si par un miracle de science-fiction, les humains devenaient transparents les uns aux autres »[459]. Ce constat est plus que jamais d'actualité à l'heure où les neurosciences dépassent la fiction.

En définitive, les neurosciences et le droit pénal ne trouveront de complémentarité que dans un rapport ponctuel et non pas fusionnel. En effet, ces deux disciplines peuvent coexister mais pas sur un même plan. Pour que l'idée d'un neurodroit soit acceptable en France, il faut que ses applications se mettent au service de la justice et non pas le contraire. Il ne doit pas s'agir d'un rapport de force inversé. D'ailleurs, toutes les perspectives d'utilisation des neurosciences ne sont pas souhaitables en droit pénal qui offre déjà les moyens de résister à l'introduction de procédés peu soucieux de la dignité humaine. Il ne faudra pas recourir systématiquement aux neurosciences mais bel et bien en faire simplement un outil parmi d'autres permettant de

---

459 Cité par LARRIEU P., *Neurosciences et droit pénal...*, *op. cit.*, p. 222

mieux rendre la justice et de mieux l'individualiser. Le neurodroit ne doit pas être l'occasion de consacrer un biopouvoir ou neuropouvoir qui serait en réalité un véritable pouvoir accordé sur l'Homme et non pas à l'Homme, le conduisant à renoncer à son pouvoir d'être et d'exister.... Dans ce dernier cas, entre « neurolaw » et « frankenlaw »[460] il n'y a qu'un pas. La justice pénale se réduirait alors à des cerveaux qui jugent d'autres cerveaux en oubliant que ces organes font partie intégrante d'un tout : l'Homme. La complexité de ce dernier, celle de son cerveau, et de son œuvre, rendent impossible toute tentative de réductionnisme sur le plan juridique. Il ne faut ni se complaire dans l'illusion neuroscientifique, ni être totalement hermétique aux alternatives que les neurosciences proposent, la solution se trouve nécessairement entre les deux. Le choix de se tourner vers une neurojustice sera assuré par des hommes, pas seulement des cerveaux. Même si un neurodéterminisme existe, il nous conditionne à réfléchir et à appréhender les enjeux de l'émergence d'un neurodroit, ses conséquences sur les droits fondamentaux et plus généralement sur le devenir de l'Homme. Comme le disait Blaise Pascal, « l'Homme n'est qu'un roseau, le plus faible de la nature, mais c'est un roseau pensant »[461].

---

460 DOSSEY L., « Neurolaw or Frankenlaw ? The thought police have arrived », *Explore*, 2010, vol. 6, no 5, p. 275-286

461 PASCAL B., *Pensées*, fragment 347, 1711

Bibliographie

Ouvrages généraux, monographies, mélanges

BAERTSCHI B., *La neuroéthique, ce que les sciences font à nos conceptions morales*, La découverte, coll. Philosophie pratique, textes à l'appui, 2009

BUISSON J., *Répertoire de Droit pénal*, 2013

BURGESS A., *A Clockwork Orange,* William Heinemann, 1962

CHANGEUX J.P., *L'homme neuronal*, Paris, Fayard, coll. Pluriel, 2012 (rééd. 1985)

CHAR R., *Fureur et mystères,* Paris, Gallimard, coll. Poésie, 1967 (rééd. 2017)

CHNEIWEISS H., *Neurosciences et neuroéthique, des cerveaux libres et heureux*, Paris, Alvik, 2006

CHNEIWEISS H., *L'homme réparé*, Paris, Plon, 2012

CHRISTIE N., *L'industrie de la punition, prison et politique pénale en Occident*, Paris, Autrement, 2003

CROCQ M.A, American Psychiatric Association et al., *DSM-V Manuel diagnostique et statistique des troubles mentaux*, 5e éd., Elsevier Masson, 2015

DAMIASO A., L'erreur de Descartes, Paris, Odile Jacob, 1995

DAVID M., *L'expertise psychiatrique pénale*, Paris, L'Harmattan, 2006

DELMAS-MARTY M., *Vers un droit commun de l'Humanité*, 2e éd., Paris, Seuil, 2005

DESCARTES R., *L'Homme,* Paris, Charles Angot, 1664

FOUCAULT M., *Surveiller et punir : naissance de la prison*, Paris, Gallimard, 1975

FOUCAULT M., *Les Anormaux*, Paris, Gallimard, 1999

FRANCOIS E. et al., *Le principe de précaution. Paris,* Presses universitaires de France, coll. Que sais-je ?, 2008

GAZZANIGA M., *Le libre-arbitre et la science du cerveau*, Paris, Odile Jacob, 2011

GORI R., DEL VEGO M.J., *La santé totalitaire, Essai sur la médicalisation de l'existence*, Paris, Flammarion, 2009

GUINCHARD S., DEBARD T. (sous la dir. de), *Lexique des termes juridiques*, 20e éd., Paris, Dalloz, 20e éd., 2013

HARDOIN-LE GOFF C., « Le consentement du délinquant ou l'entretien d'une illusion en matière pénale », *in Mélanges JH Robert*, Paris, Lexinexiss, 2012

HEGEL G.W.F., *Principes de la philosophie du Droit*, Paris, Gallimard, 1989

KAHNEMAN D., *Système 1 / Système 2 : Les deux vitesses de la pensée*, Flammarion, coll. Essais, 2012

LARRIEU P., *Neurosciences et droit pénal, Le cerveau dans le prétoire*, Paris, L'Harmattan, coll. Le Droit aujourd'hui, 2015

LARRIEU P., ROULLET B., GAVAGHAN C. (sous la dir. de), *Neurolex sed… dura lex ? L'impact des neurosciences sur les disciplines juridiques et les autres sciences humaines : études comparées*, Wellington, Journal de Droit Comparé du Pacifique, 2013

LEBLOIS-HAPPE J., *Le droit de ne pas contribuer à sa propre incrimination*, Travaux de l'Institut de Sciences criminelles et de la justice, Paris, Cujas, n° 1, 2011

MERLE R., VITU A., Traité de droit criminel, Procédure pénale, t. 2, Paris, Cujas, 1990

MORIN E., *Au rythme du monde – Un demi-siècle d'articles dans le Monde,* Paris, Presses Chatelet, 2014

PAPADOPOULOS I., GARAPON A., *Juger en Amérique et en France*, Paris, Odile Jacob, 2003

PRADEL J., Histoires *et doctrines pénales*, PUF, coll. Que sais-je ?, 1989

PRZYGODZKI-LIONET N., *Psychologie et justice – de l'enquête au jugement*, Paris, Dunod, coll. Psycho Sup, 2012

RIZZOLATI G., SINIGALIA S., *Les neurones miroirs*, Paris, Odile Jacob, 2008

ROPER M., *La philosophie du droit*, Paris, PUF, coll. Que sais-je ?, 2015

SACCO R., *Anthropologie juridique*, Paris, Dalloz., 2008

SALAS D., *La Volonté de punir ; essai sur le populisme pénal*, Paris, Hachette, coll. Pluriel, 2005

THIEL M.J., *La santé réaliste, augmentée ou totalitaire ?*, Paris, Bayard, 2014

VUILLE J., *L'ADN, reine des preuves ou roi des canulars ?*, Paris, L'Hèbe, coll. La question, 2011

ZARIFIAN E., *Des paradis plein la tête*, Paris, Odile Jacob, 2004 (rééd. 2000)

Articles

AMBROISE-CASTEROT C., « Recherche et administration des preuves en procédure pénale : la quête du Graal de la vérité », *AJ pénal*, 2005, p. 261

AMBROISE-CASTEROT C., « La personne soupçonnée ou condamnée face aux soins ou vérifications sur sa personne, *RDSS*, 2008, p. 66

ARCE A., EDIGO A., FARINA F., « La psychologie des déclarations et des aveux », in *Psychologie et justice : des enjeux à construire* (sous la dir. de EDIGO A. et DUFLOT C.), Paris, L'Harmattan, 2003, p. 191

ARNOULD F., « Vérité ou mensonge : les adultes savent-il détecter la crédibilité des témoignages d'enfants ? », *PsychoTémoins : Actualité de la recherche sur les témoignages juridiques* [en ligne], 12 octobre 2012, consulté le 5 décembre 2016, URL : http://psychotemoins.inist.fr/?Verite-ou-mensonge-les-adultes

BASCHETTI R., « Genetic evidence that Darwin was right about criminality : Nature, not nuture", *Medical Hypotheses*, 2008, p. 70

BLAIN B., OULLIER O., « Détecter le mensonge dans le cerveau, in neuro veritas ? », *in* Centre d'analyse stratégique, Séminaire du 11 sept. 2012, Document de travail n° 2012-07, *Le cerveau et la loi : analyse de l'émergence du neurodroit*, p. 95

BONIS-GARCON E., « Troubles psychiques, malades mentaux », *D.*, octobre 2013, p. 154

BOUCHARD J.P., « Réformer l'expertise psychologique et l'expertise psychiatrique : une impérieuse nécessité pour la justice », *Le Journal des psychologues*, vol. 238, n° 5, 2006, p. 30-33

BOURGEOIS M.L., « Croire et douter. Juger à l'heure des neurosciences, *Annales Médico-Psychologiques*, 2015, n° 173, p. 623-626

BYK C., « Justice et expertise scientifique : un dialogue organisé dont il faut renouveler les fondements », *in* Centre d'analyse stratégique, Séminaire du 11 sept. 2012, Document de travail n° 2012-07, *Le cerveau et la loi : analyse de l'émergence du neurodroit*, p. 153

BYK C., « Neurosciences et administration de la preuve pénale devant les juridictions des États-Unis », *Médecine et Droit*, 2011, p. 59-63

BYK C., « Les neurosciences : une contribution à l'identité individuelle ou au contrôle social ? », *RDSS*, 2012, p. 800

CHNEIWEISS H., « Cerveau préservé, réparé, amélioré », *Médecine et Droit*, 2011, p. 48-50

CHNEIWEISS H., « Les neurosciences et le Droit : un dialogue difficile mais nécessaire ou comment identifier les causalités sans sombrer dans le déterminisme », *La lettre des neurosciences*, 2013, n° 44, p. 28-31

CLICHE D., « Droit, neurosciences et responsabilité : critique d'une thèse réformiste », *Phares*, vol. 13, n° hiver 2013, p. 80-102

CORNIER K., « Les soins pénalement ordonnés », Les Tribunes de la santé, vol. 17, n° 4, 2007, p. 87-95

CORREIA V., « L'irrationalité est naturelle : comment la réduire ? Illusions cognitives et stratégies de contrôle épistémique », *Arch. philo. du droit*, t. 55, 2012, p. 65

COVA F., « Neurosciences et droit pénal : le déterminisme peut-il sauver la conception utilitariste de la peine ? », *Klesis-Philosophie analytique du droit*, 2011 p. 32-76

DELAVENNE H. et al. « Quelle prise en charge thérapeutique pour les patients paraphiles auteurs de violence sexuelle ? », *PSN*, vol. 12, n° 1, 2014, p. 15-29.

DE PAUW E., « Le 'dopage cognitif' : signification et enjeux », *Journal International de Bioéthique*, 2011/3, vol. 22, p. 78-92

DESBIEY O., « Le développement des neurosciences doit-il s'accompagner de nouveaux droits ? », *LINC* [en ligne], mis en ligne le 16 mai 2017, consulté le 30 mai 2017. URL : https://linc.cnil.fr/fr/le-developpement-des-neurosciences-doit-il-saccompagner-de-nouveaux-droits

DOSSEY L., « Neurolaw or Frankenlaw ? The thought police have arrived », *Explore*, 2010, vol. 6, n° 5, p. 275-286

DREYER E., « La dignité opposée à la personne », *D.*, p. 2731

EAGLEMAN D., « Pourquoi les sciences du cerveau peuvent éclairer le droit ? », *in* Centre d'analyse stratégique, Séminaire du 11 sept. 2012, Document de travail n° 2012-07, *Le cerveau et la loi : analyse de l'émergence du neurodroit*, p. 33

FARANO A., « Percorsi della responsabilià : le neuroscienze cambiano tutto o niente ? », *Scienze Giuridiche, Scienze Cognitive e Intelligenza artificiale*, n° 18, 2013

FOESSEL M., « Penser la peine. Contrainte et crime dans les Principes de la philosophie du droit de Hegel », *Revue de métaphysique et de morale*, vol. 40, n°. 4, 2003, p. 529-542

FRICERO N., « Récusation et abstention des juges : analyse comparative de l'exigence commune d'impartialité », *Nouveaux Cahiers du Conseil constitutionnel*, Cahier n° 40, juin 2013

GALLAND D. et al., « Comparaison du concept de responsabilité en neurosciences et en droit pénal : une revue croisée de littérature pour l'expertise psychiatrique », *Presse*

Médicale [en ligne], 2016, consulté le 02 avril 2017. URL : http://dx.doi.org/10.1016/j.lpm.2016.03.018

GALLOUX J.C., « Droits et libertés corporels », *D.*, 2012, p. 308

GALLOUX J.C., « Droits et libertés corporels », *D.*, 2015, p. 755

GAUMONT-PRAT H., « La loi du 7 juillet 2011 relative à la bioéthique et l'encadrement des neurosciences », *LPA*, 2011, n° 231, p. 10

GAUTRON V., DUBOURG E., « La rationalisation des outils et méthodes d'évaluation : de l'approche clinique au jugement actuariel », *Criminocorpus* [en ligne], *Savoirs politiques et pratiques de l'exécution des peines en France au XXe siècle*, mis en ligne le 26 janvier 2015, consulté le 08 décembre 2016. URL : http://criminocorpus.revues.org/2916

GAZZANIGA et al., « Neuroprediction of future rearrest », *Proceedings of the National Academy of Sciences of the USA*, 2013

GKOTSI G.M., MOULIN V., GASSER J., « Les neurosciences au Tribunal : de la responsabilité à la dangerosité, enjeux éthiques soulevés par la nouvelle loi française », *L'Encéphale*, 2015, p. 385-393

GKOTSI G.M, « Critique de l'utilisation des neurosciences dans les expertises psychiatriques : le cas de la responsabilité pénale », *L'évolution psychiatrique*, 2016, n° 81, p. 434-445

GONON F., « Cinquante ans de psychiatrie biologique. De l'espoir au doute assumé, Édouard Zarifian et Elliot Valenstein, militants exemplaires », *Sud/Nord*, vol. 25, n° 1, 2010, p. 39-48

GRENNE J., COHEN J., « For the law, neuroscience changes nothing and everything», *in Philosophical Transactions of the Royal Society B*, n° 359, 2004, p. 1775-1785

HALPERIN J.L., « La preuve judiciaire et la liberté du juge », *Communications*, vol. 84, n° 1, 2009, p. 21-32

HAUSER J., « La preuve biologique, reine des preuves ? », *RTD civ.*, 1993, p. 811

HAYNES J.D. et al, « Reading hidden intentions in the human brain », *Current biology*, 2007, n° 17, p. 323-330

HENRION H., La présomption d'innocence dans les travaux préparatoires au XXe siècle, *Arch. pol. Crim.*, 2005, p. 39

HENRY-ROBERT J., « L'histoire des éléments de l'infraction, *RSC*, 1977, p. 269

HOUSSIN D., « Le secret médical dans les nouvelles pratiques et les nouveaux champs de la médecine », *D.*, 2009, p. 2619

JEANNEROD M., « Neurosciences et responsabilité individuelle », *in* Centre d'analyse stratégique, Séminaire du 11 sept. 2012, Document de travail n°2012-07, *Le cerveau et la loi : analyse de l'émergence du neurodroit*, p. 55

JOHNSON J., « A dark history : memories of lobotomy in the new era of psychosurgery, *Medecine studies*, 2009, n° 1, p. 367

KAHNEMAN D., TVERSKY A., « Prospect Theory : an analysis under risk », *Econometrica,* vol. 47, n° 2, mars 1979, p. 263-292

LACHAUX B. et al. « Crédibilité et expertise psychiatrique », *L'information psychiatrique*, vol. 84, n° 9, 2008, p. 853-860

LARRIEU P., « Le droit à l'ère des neurosciences », *Médecine et Droit*, 2011, p. 106-110

LARRIEU P., « La réception des neurosciences par le droit pénal », *AJ Pénal*, 2011, p. 231

LAUDE A., LAGARDE T., « Utilisation des neurosciences par le juge, l'avocat et l'expert : perspective historique », *in* Centre d'analyse stratégique, Séminaire du 11 sept. 2012,

Document de travail n° 2012-07, *Le cerveau et la loi : analyse de l'émergence du neurodroit*, p. 15

LAVRIC S., « Castration chimique : étude de législation comparée, *D.*, 2009, p. 128

LETURMY L., « La dangerosité dans l'évolution du droit pénal français », *L'information psychiatrique*, vol.88, n° 6, 2012, p. 417-422

LEZE Samuel, « Les Politiques de l'expertise psychiatrique. Enjeux, démarches et terrains », *Champ pénal* [En ligne], *Séminaire du GERN "Longues peines et peines indéfinies. Punir la dangerosité" (2008-2009)*, mis en ligne le 06 novembre 2008, consulté le 19 janv. 2016.

URL : http://champpenal.revues.org/6733 ; DOI : 10.4000/champpenal.6733

LIBET B., « Time of conscious intention to act in relation to onset of cerebral activity (readiness-potential). The uncoiunscious initiation of freely voluntary act », *Brain,* n° 106, p. 623-642

MILLER A.N., « Daubert and junk science : have admissibility standards changed ? », *Defense Counsel Journal,* vol. 61, n° 4, Octobre 1994

MILLER D., ROSS M., « Self-serving bases in attribution of causality : fact or fiction ? », *Psychological bulletin*, n° 2, 1985, p. 212

MOYANO O., « Le trouble des conduites : une médicalisation de la délinquance ? », *Les Cahiers Dynamiques*, vol. 36, n° 4, 2005, p. 4-7

MUCHIELLI L., « Criminologie, hygiénisme et eugénisme en France (1870-1914) : débats médicaux sur les criminels jugés incorrigibles », *Revue d'histoire des Sciences humaines*, 2003, p. 57-58

OULLIER O., « Le neurodroit en perspective », *in* Centre d'analyse stratégique, Séminaire du 11 sept. 2012, Document de travail n° 2012-07, *Le cerveau et la loi : analyse de l'émergence du neurodroit*, p. 171

OULLIER O., « Délibérations au tribunal : jugements, décisions, biais et influences », *in Arch. philo. du droit*, t. 55, 2012, p. 270

OULLIER O., BASSO F., « Différences individuelles, variabilités et limites du recours à l'imagerie cérébrale fonctionnelle par les tribunaux », *in* Centre d'analyse stratégique, Séminaire du 11 sept. 2012, Document de travail n° 2012-07, *Le cerveau et la loi : analyse de l'émergence du neurodroit*, p. 119

PARIZOT R., « Prévention du meurtre, la Cour européenne des droits de l'homme va-t-elle trop loin ? », *D.*, 2013, p. 188

PHELPS E. et al., « Performance on indirect measures of race evaluation predicts amygdalya activity », *Journal of Cognitive Neurosciences*, 2000, n° 12

PIGNATEL L., OULLIER O., « Les neurosciences dans le droit », *Cités*, 2014/4, n° 60, p. 83-104

PORRET M., « Médecine du crime, médecine de l'âme », *Histoire & Sociétés*, vol. 2, n° 2, 1998, p. 121-126

PRADEL J., « Un législateur bien imprudent : à propos de la loi n° 2014-896 du 15 août 2014 », *La Semaine Juridique Édition Générale*, 15 septembre 2014, n° 38

PROUST J., « A neurophilosophical viewpoint », *Arch. philo. du droit*, 2012, t. 55, p. 79-86

RAMUS F., « Quel pouvoir prédictif de la génétique et des neurosciences, et quels problèmes ? », *Médecine et Droit*, 2011, p. 51-58

RENNEVILLE M., « Quelle histoire pour la criminologie en France (1885-1939 », Criminocorpus [en ligne], *Archives d'anthropologie criminelle*, mis en ligne le 27 juin 2014, consulté le 5 mars 2017.URL : http://criminocorpus.revues.org/2752

RODLER L., « L'Uomo delinquente di Cesare Lombroso : tra scienza e letteratura », *Criminocorpus* [en ligne], *Histoire de la criminologie, L'anthropologie criminelle en Europe*, mis en ligne le 24 mai 2012, consulté le 14 mars 2017. URL : http://criminocorpus.revues.org/1905

ROUDINESCO E., « Les visages de la perversion », *L'information psychiatrique*, 2012, p. 5-6

SACKUR J., « Les neurosciences cognitives, sciences naturelles de l'esprit : Révolution ou restauration ? », *Cités*, 2014/4, n° 60, p. 71-82

SALLES A., « Robert Badinter : "Ne pas confondre justice et thérapie" », *Le Monde* [en ligne], mis en ligne le 8 sept. 2007, consulté le 4 mars 2017. URL : http://www.lemonde.fr/societe/article/2007/09/08/robert-badinter-ne-pas-confondre-justice-et-therapie_952825_3224.html

SAUNERON S., « Le neurodroit : quels enjeux éthiques ? Quelles régulations ? », *in* Centre d'analyse stratégique, Séminaire du 11 sept. 2012, Document de travail n° 2012-07, *Le cerveau et la loi : analyse de l'émergence du neurodroit*, p. 139

SENON J.L., VOYER M., « Du concept de responsabilité et d'irresponsabilité en droit pénal français, comme fondement de l'expertise pénale », *in* Centre d'analyse stratégique, Séminaire du 11 sept. 2012, Document de travail n° 2012-07, *Le cerveau et la loi : analyse de l'émergence du neurodroit*, p. 67

SORDINO M.C., « Le procès pénal confronté aux neurosciences : science sans conscience … ? », *AJ Pénal*, 2014, p. 58

STEBLAY N.M. et al., « The effect of pre-trial publicity on jurors verdicts : a meta-analitic review », *Law and Human behavior*, 1999, p. 219

TASSY S., « Neurosciences cognitives des "comportements déviants" », *in* Centre d'analyse stratégique, Séminaire du 11 sept. 2012, Document de travail n° 2012-07, *Le cerveau et la loi : analyse de l'émergence du neurodroit*, p. 81

TERRE F., « Droit, éthique et neuroscience », *Médecine et Droit*, 2011, p. 64-66

VALLOIS H.V., « Études de quatre cerveaux de criminels », *in Bulletins et Mémoires de la Société d'anthropologie de Paris*, VII° série, t. 4, 1923, p. 135-134

VAN DE KERCHOVE M., « Les fonctions de la sanction pénale. Entre droit et philosophie », *Informations sociales*, vol. 127, n° 7, 2005, p. 22-31

VAN DE KERCHOVE M., « Vérité judiciaire et para-judiciaire en matière pénale : quelle vérité ? », *Droit et société*, vol. 84, n° 2, 2013, p. 411-432

ZAVATTA L., « Neurosciences as Revival on Lombroso's Theories », *Journal of Law and Criminal Justice*, 2015, vol. 3, n° 1, p. 109-119

Presse

BARTHELEMY P., « La science qui veut prédire les crimes », Le Monde [en ligne], publié le 1er avril 2013, consulté le 12 mai 2017.

URL :
http://passeurdesciences.blog.lemonde.fr/tag/prediction-des-crimes

BARTHELEMY P., « L'incroyable machine à lire dans les pensées », *Le Monde*, 2014

BIANCHINI L., « L'affaire Breivik et le poids des neurosciences », *MyScienceWork* [en ligne], publié le 23 août 2012, consulté le 22 décembre 2016. URL : https://www.mysciencework.com/omniscience/l-affaire-breivik-et-le-poids-des-neurosciences

DANIEL C., « Le mensonge dévoilé par l'imagerie médicale, *Sciences et Avenir* [en ligne], mis en ligne le 30 nov. 2004, consulté le 1er oct. 2016
URL: https://www.sciencesetavenir.fr/sante/le-mensonge-devoile-par-l-imagerie-medicale_24863

JALINIERE I., « Un neurone géant déterminant dans l'émergence de la conscience ? », *Sciences et Avenir* [en ligne], mis en ligne le 5 mars 2017, consulté le 5 mars 2017. URL: https://www.sciencesetavenir.fr/sante/cerveau-et-psy/un-neurone-geant-determinant-dans-l-emergence-de-la-conscience_111033

LE PROGRES, « Monsieur le juge, ce n'est pas lui c'est son cerveau ! », *Le Progrès* [en ligne], publié le 8 juin 2014, consulté le 3 décembre 2016. URL: http://www.leprogres.fr/rhone/2014/06/08/monsieur-le-juge-ce-n-est-pas-lui-c-est-son-cerveau

LOUME L., « Comment le cerveau prend goût au mensonge », *Sciences et avenir* [en ligne], mis en ligne le 2 nov. 2016, consulté le 6 mars 2017. URL : https://www.sciencesetavenir.fr/sante/cerveau-et-psy/comment-le-cerveau-prend-gout-au-mensonge_107815

MIELE N., « Lire dans les pensées bientôt possible? », *L'Obs*, 27 sept. 2011

ROSEN J., « The brain on the Stand », *The New York Times*, 11 mars 2007

Conférences et séminaires

Centre d'analyse stratégique, *Perspectives scientifiques et légales sur l'utilisation des sciences du cerveau dans le cadre des procédures judiciaires*, séminaire du 10 décembre 2009

KOESSLER L., *Lire et décoder les pensées : science ou fiction?*, Conférence organisée dans le cadre de la Semaine du cerveau, Gérardmer, 15 mars 2017

MOTTE DIT FALISSE J., *Les hypothèses de déni*, colloque « Violences sexuelles : vérité et mensonge » - 7e journée du CRIAVS Lorraine, Nancy, 21 oct. 2016

Sites Internet de référence

http://www.lawneuro.org.

https://royalsociety.org/topics-policy/projects/brain-waves

Rapports

AGENCE DE LA BIOMEDECINE, *Le bilan d'application de la loi bioéthique du 6 août 2004*, Rapport à la ministre de la Santé de la jeunesse des sports et de la vie associative, octobre 2008

BUFFET F.N., *Avis au nom de la commission des lois constitutionnelles sur le projet de loi relatif à la bioéthique*, n° 381 enregistré à la Présidence du Sénat le 29 mars 2011

CCNE, *Biométrie, données identifiantes et droits de l'homme*, avis n° 98, 26 avr. 2007

CCNE, *Enjeux éthiques de la neuroimagerie fonctionnelle*, avis n° 116, 23 fév. 2012

CCNE, *Recours aux techniques biomédicales en vue de neuroamélioration chez la personne non malade : enjeux éthiques*, avis n°122, 12 décembre 2013

CLAEYS A., VIALATTE J.B., *Rapport d'information n° 107*, déposé le 20 nov. 2008 à l'Ass. Nat., Paris, éd. Assemblée nationale-Sénat

DUBURCQ A. et al., *Enquête de prévalence sur les troubles psychiatriques en milieu carcéral (phase 1 de l'étude épidémiologique)*, Étude pour le ministère de la Santé et le ministère de la Justice, décembre 2004

HAS, *Prise en charge des auteurs d'agression sexuelle à l'encontre des mineurs de moins de quinze ans*, Recommandations, 2009

LAMANDA V., *Amoindrir les risques de récidive criminelle des condamnés dangereux,* Rapport à M. le Président de la République, 2008

LEONETTI J., *Rapport fait au nom de la commission spéciale chargée d'examiner le projet de loi relatif à la bioéthique*, n° 3111, enregistré à l'Ass. Nat.. le 26 janvier 2011

MERCIER M. (Garde de Sceaux 2010-2012), *Réponse ministérielle à M. Fréon Hervé*, QE n° 106282, publiée au JOAN le 16 août 2011. 16 août 2011

MILON A., *Rapport fait au nom de la commission des affaires sociales sur le projet de loi relatif à la bioéthique*, n° 388, enregistré à la présidence du Sénat le 30 mars 2011

MINISTERE DE LA JUSTICE et al., *Guide de l'injonction de soins,* 2009

NATIONAL RESEARCH COUNCIL (U.S), *Committee to Review the Scientific Evidence on the Polygraph*, 2003. URL : https://www.nap.edu/read/10420/chapter/1

OPECST, *L'impact et les enjeux des nouvelles technologies d'exploration et de thérapie du cerveau*, Rapport d'information n° 476, déposé le 13 mars 2012, par A. CLAEYS et J.B. VIALATTE, Paris, éd. Assemblée nationale-Sénat

VALLINI A., HOUILLON P., *Rapport fait au nom de la commission d'enquête chargée de rechercher les causes des dysfonctionnements de la justice dans l'affaire d'Outreau et de formuler des propositions pour éviter leur renouvellement*, n° 3125, enregistré à l'Ass. Nat.. le 6 juin 2006

VINCENT J.D., *Éthique et neurosciences*, UNESCO, 15 oct. 1995

Lois les plus importantes

Loi n° 78-17 du 6 janvier 1978 relative à l'informatique, aux fichiers et aux libertés, JORF 7 janv. 1978

Loi n° 88-1138 du 20 décembre 1988 dite Huriet relative à la protection des personnes qui se prêtent à des recherches biomédicales, JORF 22 décembre 1988 p. 16032

Loi n° 94-548 du 1er juillet 1994 relative au traitement de données nominatives ayant pour fin la recherche dans le domaine de la santé, JORF n° 152, 2 juillet 1994 p. 9559

Loi n° 94-654 du 29 juillet 1994 relative au don et à l'utilisation des éléments et produits du corps humain, à l'assistance médicale à la procréation et au diagnostic prénatal, JORF n° 175, 30 juillet 1994 p.11060

Loi n° 2004-800 du 6 août 2004 relative à la bioéthique, JORF n° 182, 7 août 2004 p. 14040

Loi n° 2007-297 du 5 mars 2007 relative à la prévention de la délinquance, JORF n° 0056, 7 mars 2007, p. 4297

Loi du 10 août 2007 renforçant la lutte contre la récidive n° 2007-1198, JORF n° 185, 11 août 2007, p. 13466

Loi n° 2008-174 du 25 février 2008 relative à la rétention de sûreté et à la déclaration d'irresponsabilité pénale pour cause de trouble mental, JORF n° 0048, 26 fév. 2008, p. 3266

Loi n° 2011-814 du 7 juillet 2011 relative à la bioéthique, JORF n° 0157, 8 juillet 2011 p. 11826

Loi n° 2014-896 du 15 août 2014 relative à l'individualisation des peines et renforçant l'efficacité des sanctions pénales, JORF n° 0189, 17 août 2014, p. 13647

Jurisprudence

- **CourEDH**

CourEDH, *Engel c. Pays-Bas*, req. n° 5100/70, 8 juin 1976

CourEDH, *Piersack c. Belgique*, n° 8692/79, 1er oct. 1982

CourEDH, *Funke c. France*, req. n° 10828/84, 25 fév. 1993

CourEDH, *John Murray c. Royaume-Uni*, GC, req. n° 14310/88, 28 oct. 1994

CourEDH, *Sanders c. Royaume-Uni*, req. n° 19187/91, 17 déc. 1996

CourEDH, *Mastromatteo c. Italie*, req. n°37703/97, 24 oct. 2002

CourEDH, *Kyprianou c. Chypre*, req. n° 73797/01, 15 déc. 2005

CourEDH, *S. et Marper c. Royaume-Uni*, GC, req. n° 30566/044, 4 déc. 2008

- **France**

Conseil Constitutionnel

Cons. Const., n° 87-237 DC, 30 décembre 1987

Cons. Const., n° 95-360 DC, 2 février 1995

Cons. Const., n° 96-373 DC, 9 avr. 1996; *AJDA*, 1996, p. 371, obs. Schrameck

Cons. Const., n° 99-411 DC, 16 juin 1999

Cons. Const., n°2005520 DC, 2 juillet 2005

Cons. Const., n° 2008-562 DC, 21 février 2008

Cour de cassation, Conseil d'État et juridictions inférieures

Trib. Corr. Seine, 23 fév. 1949

Cass. Crim., 11 avril 1908 : DP 1908.1.261, rapp. Mercier ; S. 1909.1.473 note Roux

Cass. Crim. 23 oct. 1931, Bull. Crim. n° 236

Cass. Crim., *Laboub*, 13 déc. 1956, n° 55-05772,

Cass. Crim., 12 déc. 2000, n° 00-83852, *D. 2001*, p. 1340, note MAYER D. et CHASSAING J.F. ; *RSC*, 2001, p. 610, note GIUDICELLI A.

Cass. Crim., 28 nov. 2001, Bull. Crim. n° 247

Cass. Crim., 14 janvier 2003, n° 02.87062

Cass. Crim., 9 sept. 2009, n° 08-87.312

Cass. Crim., 25 juin 2014, n° 13-87.493, *AJ Pénal*, 2014, p. 487, obs. GIRAULT C.

CE, *Karsenty*, req. n° 261706, 20 avr. 2005

- **États-Unis**

Frye vs Unites States, 293 F 1013 (D.C Cir. 1923)

US vs Erskine, Courts of appeals, n° 78-1842 -1978

Stanford vs Kentucky, Supreme Court, 492 U.S.361 (1989)

State vs Hurd, 86 N.J. 525, 432 A.2d 86, 92 (1981)

United States vs Hinckley, 672 F. 2d 115 (D.C. Cir. 1982)

People vs Weinstein, Supreme Court, 591 N.Y.S. 2D 715, 1992

Daubert vs Merrill Dow Pharmaceuticals, 22509 U.S 579 (1993)

U.S. vs Scheffer, 41, M.J. 683 (1996)

US vs Gigante, 166 F. 3d 75 (1997)

People vs Musselwhite, 945 P. 2d 475, Cal. (1998)

Harrington vs State, case n° PCCV 073247, Iowa (2001)

Roper vs Simmons, Supreme Court, 543 U.S.551 (2005)

- **Canada**

RC Béland, Recueil de la Cour Suprême du Canada, n° 398, 1987

RC Oickle, Recueil de la Cour suprême du Canada, dossier 3, n° 26235, 2000

Table des matières

DROIT
AUX ÉDITIONS L'HARMATTAN

Dernières parutions

L'EXPLOITANT DE BANQUE ET LE DROIT AU TCHAD

Thomas Dingamgoto

De toutes les activités entrepreneuriales, le secteur bancaire est de celles qui font l'objet d'un encadrement législatif scrupuleux et d'une veille règlementaire permanente. Si l'histoire du droit bancaire tchadien est étroitement liée à celle du droit bancaire français, les textes législatifs et règlementaires des activités bancaires au Tchad ont connu des évolutions internes notables. Pour l'exploitant de banque comme pour l'ensemble des acteurs de la chaîne économique et financière, ces mutations rendent indispensables l'appropriation de ces normes nouvelles.

(Coll. Études Eurafricaines, 674 p., 49 euros)

ISBN : 978-2-343-16034-4, EAN EBOOK : 9782140104879

L'ÉGALITÉ DE L'HOMME ET DE LA FEMME DANS LE MARIAGE

Etude comparée des droits du Bénin, du Burkina Faso et du Mali

Aïssata DABO

Des États africains ont rénové leurs législations sur le mariage dans l'idée de les conformer au dispositif juridique international, qui place désormais l'égalité homme-femme au centre des débats. Toutefois, l'objectif est largement dévié par le pluralisme juridique qui demeure, en droit et en fait, un frein pour l'indifférenciation des droits des sexes. Cet ouvrage se propose de rechercher la mesure de l'égalité, en matière de mariage, réellement promue par les droits béninois, burkinabè et malien.

(Coll. Études africaines, 614 p., 49 euros)

ISBN : 978-2-343-15377-3, EAN EBOOK : 9782140105197

LA NATIONALITÉ ET L'APATRIDIE EN AFRIQUE

Charles Lasserre Yakite

Le droit à la nationalité est un droit humain fondamental reconnu par le droit international. Les apatrides ne peuvent se prévaloir de la protection de la nationalité et sont donc vulnérables à la privation de leurs droits. Les États africains doivent élaborer des cadres législatifs et mettre en place des politiques nationales pour lutter contre l'apatridie. Cet ouvrage vise à faire des recommandations à l'Union africaine et aux organisations internationales intéressées pour résoudre l'épineux problème de nationalité et de l'apatridie.

(Coll. Études africaines, 156 p., 17 euros)

ISBN : 978-2-343-15353-7, EAN EBOOK : 9782140104725

LE CONTENTIEUX DE L'ANNULATION AU CONGO

Lovane Lhakhy-Tsamby

Dans ce livre, l'auteur examine la question relative au contentieux de l'annulation, au Congo. Lorsqu'un acte administratif est entaché d'illégalité, il est susceptible d'annulation. Au Congo, l'annulation d'un acte administratif illégal relève de la compétence exclusive de la chambre administrative de la Cour suprême. La Cour constitutionnelle est exceptionnellement compétente pour annuler un acte administratif entaché d'illégalité lorsqu'il est pris dans le domaine électoral. Elle n'est pas juge de la légalité des actes administratifs au même titre que le juge administratif ordinaire.

(Coll. Harmattan Congo-Brazzaville, 120 p., 14 euros)

ISBN : 978-2-343-15430-5, EAN EBOOK : 9782140104305

PROTECTION DE LA QUALITÉ DES EAUX DOUCES AU CANADA ET DANS L'UNION EUROPÉENNE

Le partage des compétences

Claire Joachim

Cet ouvrage analyse l'organisation des rapports entre les ordres juridiques par le droit constitutionnel canadien et le droit de l'Union européenne. Cette étude est innovante car : la grille d'analyse du droit constitutionnel canadien a été appliquée à l'Union européenne. Ce qui met en évidence des mécanismes similaires dans le partage des compétences. Le domaine de la protection de la qualité des eaux douces a été choisi pour révéler les enjeux de ces relations dans une perspective globale. Ce travail fait ressortir que l'intégration européenne est accentuée par une centralisation des compétences. Ainsi, la sphère du pouvoir des états membres se vide progressivement de sa substance. Le droit entrerait donc en mutation à l'aune de la protection de l'environnement.

(Coll. Le Droit aujourd'hui, 546 p., 49 euros)

ISBN : 978-2-343-10974-9, EAN EBOOK : 9782140104541

LE BIEN-ÊTRE ANIMAL : DE LA SCIENCE AU DROIT

Sous la direction de Sophie Hild et Louis Schweitzer

Chercheurs, experts, membres de la Commission européenne ou du ministère de l'Agriculture se sont succédé pour répondre à plusieurs questions du plus haut intérêt : quelle définition scientifique donner au bien-être de l'animal ? Sur quels critères l'évaluer ? Quels droits nationaux ou internationaux le prennent-ils en compte ? Quels animaux sont concernés ? Quels obstacles s'opposent au souci d'assurer le bien-être animal ? Les réponses données conforteront les démarches à conduire en faveur de dispositions réglementaires nouvelles.

(Coll. Colloques et rencontres, 364 p., 37 euros)

ISBN : 978-2-343-15918-8, EAN EBOOK : 9782140104329

DROITS FONCIERS DES FEMMES ET DES CADETS SOCIAUX EN CÔTE D'IVOIRE

Cellule de Suivi et d'Analyse de la Mise en Oeuvre de la Loi sur le Foncier Rural

Le séminaire-atelier "Sécurisation des droits fonciers des femmes et cadets sociaux en milieu rural" tenu à Grand-Bassam en 2017 avait pour objectif d'identifier les dispositions, existantes ou à adopter, pour améliorer la sécurisation des droits fonciers des femmes et des cadets sociaux en milieu rural. Comment comprendre la nature des obstacles qui y nuisent, identifier et clarifier les dispositions qui existent dans le cadre juridique et institutionnel de la Côte d'ivoire ? les services centraux et décentralisés de l'Administration, Chambre des Chefs et Rois Traditionnels de Côte d'Ivoire, partenaires internationaux de développement, organisations professionnelles agricoles, notaires, juristes, géomètres, chercheurs, ONG, presse etc, tous sont concernés par cette problématique.

(Coll. Harmattan Côte-d'Ivoire, 192 p., 22 euros)

ISBN : 978-2-343-15394-0, EAN EBOOK : 9782140103728

L'UNIVERS CARCÉRAL, LA MÈRE DÉTENUE ET SON ENFANT

Elaine Mangin

Sur les 80 893 personnes écrouées en France au 1er février 2018, on dénombre 3103 femmes. 2482 sont détenues au sein d'un établissement pénitentiaire, exécutant une peine privative de liberté. Parmi elles, des mères de famille qui ont souvent la charge exclusive des enfants restés en milieu libre, mais aussi des femmes incarcérées avec leur bébé. Mais les efforts du droit positif et de la pratique pénitentiaire pour leur assurer le respect de la vie familiale et veiller au maintien d'un lien mère-enfant sain, des difficultés juridiques et psychologiques subsistent.

(Coll. Bibliothèques de droit, 158 p., 17,5 euros)

ISBN : 978-2-343-15834-1, EAN EBOOK : 9782140103681

CONSTITUTIONNALISME ET MÉTISSAGE CULTUREL AU-DELÀ DES DROITS DE L'HOMME

Salvatore Bonfiglio

Les sociétés multiculturelles demandent une réinterprétation des principes constitutionnels, capable de favoriser la cohésion sociale, notamment par l'extension des droits fondamentaux aux « non-citoyens ». Il s'agit de reconnaître à l'individu en tant que tel un statut de droits fondamentaux, pour affirmer ainsi le caractère à la fois moral et juridique de la dignité de la personne.

(Coll. Harmattan Italia, 208 p., 26 euros)

ISBN : 978-2-336-31233-0, EAN EBOOK : 9782140103193

LA PROCÉDURE

Sous la direction de Joanna Genovese et Giovanna Debernardi

La procédure est souvent perçue par les parties comme une source de difficultés supplémentaires dans la résolution d'un conflit. Elle est en réalité protectrice des droits des individus. Il n'existe pas qu'une procédure mais une pluralité. Il est question de procédure civile, de procédure collective, de procédure pénale... La procédure s'adapte en fonction des contraintes et besoins tant par la dématérialisation que la déjudiciarisation.

(Coll. Droit privé et sciences criminelles, 138 p., 16,5 euros)

ISBN : 978-2-343-15460-2, EAN EBOOK : 9782140102769

LE RECOURS AUX MODES ALTERNATIFS DE RÈGLEMENT DES LITIGES EN MATIÈRE DE PROPRIÉTÉ INTELLECTUELLE

Jean Tankeu

Préface de Joseph Fometeu

La mondialisation et le développement des échanges économiques posent de nouveaux défis en matière d'application des droits de propriété intellectuelle. Plus le commerce et les affaires s'intensifient au niveau international, plus la question des effets des droits de propriété intellectuelle et de leur application au-delà des frontières nationales devient pertinente. D'où le développement du contentieux non juridictionnel international de la propriété intellectuelle auquel l'auteur consacre cet ouvrage.

(326 p., 33 euros)

ISBN : 978-2-343-15648-4, EAN EBOOK : 9782140102653

MÉTHODOLOGIES DE LA SÉCURITÉ URBAINE

François Dieu, Bruno Domingo

Quelles sont les méthodologies de la sécurité urbaine ? Comment réaliser un diagnostic local de sécurité ? Quelles sont les précautions à prendre avec les chiffres de la délinquance ? Comment mesurer le sentiment d'insécurité et la victimisation ? Quelles sont les modalités de diffusion de l'information au sein des dispositifs de prévention ? Comment mettre en place un observatoire local de la délinquance ? En bref, comment impulser une réflexion objective et un partenariat dynamique pour une politique de sécurité efficace ?

(Coll. République et sécurité, 276 p., 28,5 euros)

ISBN : 978-2-343-15718-4, EAN EBOOK : 9782140102295

DROIT DES ENTREPRISES INDIVIDUELLES

Commerçant / Entreprenant / Bail à usage professionnel / Fonds de commerce / Vente commerciale / Commerce électronique

Cheikh Abdou Wakhab Ndiaye

L'entreprise est une notion moderne et polysémique qui n'a fait son apparition que très récemment dans le droit sénégalais. L'entreprise individuelle concerne le commerçant, personne physique, et l'entreprenant. Son droit est un véritable droit du développement. Il matérialise une volonté de promouvoir l'initiative privée par, d'une part, la facilitation des conditions d'accès au monde des affaires et, d'autre part, la mise en place d'un climat favorables aux investissements. Il est ainsi un creuset où les droits OHADA, UEMOA et sénégalais sont conjugués pour la réalisation de cette ambition.

(Coll. Harmattan Sénégal, 404 p., 40 euros)

ISBN : 978-2-343-15882-2, EAN EBOOK : 9782140102196

Structures éditoriales du groupe L'Harmattan

L'Harmattan Italie
Via degli Artisti, 15
10124 Torino
harmattan.italia@gmail.com

L'Harmattan Hongrie
Kossuth l. u. 14-16.
1053 Budapest
harmattan@harmattan.hu

L'Harmattan Sénégal
10 VDN en face Mermoz
BP 45034 Dakar-Fann
senharmattan@gmail.com

L'Harmattan Cameroun
TSINGA/FECAFOOT
BP 11486 Yaoundé
inkoukam@gmail.com

L'Harmattan Burkina Faso
Achille Somé – tengnule@hotmail.fr

L'Harmattan Guinée
Almamya, rue KA 028 OKB Agency
BP 3470 Conakry
harmattanguinee@yahoo.fr

L'Harmattan RDC
185, avenue Nyangwe
Commune de Lingwala – Kinshasa
matangilamusadila@yahoo.fr

L'Harmattan Congo
67, boulevard Denis-Sassou-N'Guesso
BP 2874 Brazzaville
harmattan.congo@yahoo.fr

L'Harmattan Mali
Sirakoro-Meguetana V31
Bamako
syllaka@yahoo.fr

L'Harmattan Togo
Djidjole – Lomé
Maison Amela
face EPP BATOME
ddamela@aol.com

L'Harmattan Côte d'Ivoire
Résidence Karl – Cité des Arts
Abidjan-Cocody
03 BP 1588 Abidjan
espace_harmattan.ci@hotmail.fr

L'Harmattan Algérie
22, rue Moulay-Mohamed
31000 Oran
info2@harmattan-algerie.com

L'Harmattan Maroc
5, rue Ferrane-Kouicha, Talaâ-Elkbira
Chrableyine, Fès-Médine
30000 Fès
harmattan.maroc@gmail.com

Nos librairies en France

Librairie internationale
16, rue des Écoles – 75005 Paris
librairie.internationale@harmattan.fr
01 40 46 79 11
www.librairieharmattan.com

Librairie l'Espace Harmattan
21 bis, rue des Écoles – 75005 Paris
librairie.espace@harmattan.fr
01 43 29 49 42

Lib. sciences humaines & histoire
21, rue des Écoles – 75005 Paris
librairie.sh@harmattan.fr
01 46 34 13 71
www.librairieharmattansh.com

Lib. Méditerranée & Moyen-Orient
7, rue des Carmes – 75005 Paris
librairie.mediterranee@harmattan.fr
01 43 29 71 15

Librairie Le Lucernaire
53, rue Notre-Dame-des-Champs – 75006 Paris
librairie@lucernaire.fr
01 42 22 67 13

www.ingramcontent.com/pod-product-compliance
Lightning Source LLC
LaVergne TN
LVHW021208061026
849535LV00008B/2637